城镇排水管渠维护技术系列丛书

排水管道检测与评估

朱 军 主编
唐建国 主审

中国建筑工业出版社

图书在版编目(CIP)数据

排水管道检测与评估/朱军主编. —北京：中国建筑工业出版社，2018.1（2023.3重印）
（城镇排水管渠维护技术系列丛书）
ISBN 978-7-112-21659-8

Ⅰ.①排…　Ⅱ.①朱…　Ⅲ.①市政工程-排水管道-检修　Ⅳ.①TU992.4

中国版本图书馆 CIP 数据核字(2017)第 306915 号

责任编辑：李　杰　石枫华
责任设计：李志立
责任校对：芦欣甜　焦　乐

城镇排水管渠维护技术系列丛书
排水管道检测与评估
朱　军　主编
唐建国　主审

*

中国建筑工业出版社出版、发行(北京海淀三里河路9号)
各地新华书店、建筑书店经销
北京科地亚盟排版公司制版
北京中科印刷有限公司印刷

*

开本：787×1092 毫米　1/16　印张：12¼　字数：305 千字
2018 年 1 月第一版　2023 年 3 月第五次印刷
定价：**38.00 元**
ISBN 978-7-112-21659-8
(31112)

前　　言

随着中国城市化进程的不断加快，城市建设对于市政工程的需求也在不断增大，排水管道作为市政管道的重要组成部分，同时又是城市的地下生命线，其肩负着雨水、污水的收集、输送和排放功能，同时也承担城市防涝的重要作用，与城市安全以及人们的生活环境水平高度相关，对城市的经济发展具有先导性的作用，是城市现代化程度的重要衡量标志之一。与排水管网相关联的河道黑臭水体治理、海绵城市建设、城市内涝的消除以及市政道路的运行安全等亟待解决的问题都已上升到国家层面，已引起社会广泛重视。排水管道的现状和运行管理水平直接和这些议题息息相关，而如何知晓排水管道的运行状况，检测和评估工作是跳不开的环节。管理者只有在清晰地了解管道的运行状况以及管道损坏状况的基础上，才能对管道损坏的种类以及产生的后果进行准确地分析判断，选择合适的修复方法，对管道阻塞等功能性缺陷采取必要的疏通养护措施，最终消除管道的各种缺陷或隐患，保持排水系统的良性运转。

住房和城乡建部近几年陆续颁布了《城镇排水管渠与泵站运行、维护及安全技术规程》CJJ68—2016、《城镇排水管道检测与评估技术规程》CJJ181—2012、《城市黑臭水体整治——排水口、管道及检查井治理技术指南（试行）》等系列技术标准和规范性文件，排水管道的检测与评估都是这些标准所涉及的关键内容之一。除了国家层面外，一些省（市）的质量技术监督或行业主管部门也相继发布了管道检测评估和雨污混接调查等方面的技术规程。本书为贯彻这些标准提供非常翔实的参考资料，能够帮助从业人员更深入地理解技术规范条文。

在欧美等发达国家，从事排水管道检测的人员必须经过专业培训取得上岗资格后才能上岗，其所出具的检测报告才具有法律效应。在我国，自CCTV、声呐等技术于2003年引入以来，排水管道检测从业单位和人员数量与日俱增，从事排水管道检测的企业和检测人员已达到相当大的规模，这些人员大都经过简单培训而仓促上岗，未能达到相应的技术水准，需要进一步学习。另外，为了迎合市场的需要，我国在一些大学和职业技术学院给排水专业开设了排水管道检测与评估方面的课程，一些城市的排水协会或市政协会也在开展排水管道检测高级技师的培训，该书可提供给这些学员学习参考。

本书是国内第一本专门针对排水管道检测和评估的教材，紧跟当今世界检测技术的发展，既有传统的方法，又有现代的技术。涵盖内容也比较全面，结合城市排水管理的需求，从阐明排水管道检测必要性入手，全面讲解了排水管道检测的各种设备原理、技术方法及作业流程，概括总结了当今世界上对于排水运行状况检测评估的各种模式，结合计算机信息化技术，介绍了与排水GIS管理相结合的方法。针对当前我国各级政府解决城市黑臭水体、减少内涝和建设海绵城市等热点问题，专门就排水口、外来水及雨污混接三个专业调查进行了细致阐述。

本书主要分为八章，分别为绪论，基础知识，传统检测方法及试验，电视检测，声呐检测，检查井、雨水口和排水口检查，外来水调查和雨污混接调查与评估。前两章为基础部分，中间三章阐述了一些检测和评估方法，后三章为专业调查部分，每章结尾还为读者准备了思考题和习题。

全书由朱军主编，其余参编人员为：李佳川、叶凡君、李通、宋小伟、张杰、何凤玲、李连合、吴宏明、李世伟、郭樑。

上海誉帆环境科技有限公司、武汉中仪物联技术股份有限公司为本书提供了大量工程和设备方面的资料，书中部分插图由朱保罗先生提供，在此深表感谢。

本书参考了大量书目和文献，其中的主要参考书目附于书后，本书从主要参考书目中录用了很多十分经典的素材和文字材料，在此向这些著作的作者深表感谢。

由于编写时间紧促，加之编者水平有限，各章节中难免有错误和不当之处，恳请读者给予批评和指正。

目　　录

第1章 绪 论

1.1 城镇排水管渠

公元前 6 世纪左右，欧洲的伊达拉里亚人使用岩石砌成渠道系统，废水通过它排入台伯河，其主干宽度超过 4.8m，渠道系统中最大一条的截面为 3.3m×4m，而后又被罗马人扩建，这就是世界上第一条下水道——马克西马排水沟（Cloaca Maxima）。早期建设的排水系统只是一些简单水沟（渠）构成的网络，将废水引入附近的水系。随着城市人口规模增大，这些水沟无法满足排水以及环境要求，需要对原排水沟（渠）加盖或敷设人造管道。

以巴黎为例，排水管渠均处在巴黎市地面以下 50m，前后共花了 126 年的时间修建。巴黎有 26000 个检查井，其中 18000 个可以进人，共有 1300 名维护工为其服务。今天的巴黎排水管道总长 2347km（图 1-1），主干管渠像河一样可以行船，昼夜灯火通明，是旅游的好去处。从 1867 年世博会开始，陆续有外国元首前来巴黎参观排水管道，现在每年接待 10 多万游客。这是一个完全能够与巴黎美丽市景相媲美的、充满文化的地下世界。

图 1-1 巴黎排水管渠

在中国，古人很早就知道排水对居住环境卫生、日常生活及人们生命安全的重要性。我们的祖先在创建城市的同时，也建造城市排水系统（图 1-2、图 1-3）。早在距今 6000～7000 年前，我国的贵州省澧县石家河文化各城址（最著名的是城头山古城）就挖掘了护城河，设置了水门，建构起良好的城内排水系统，这是全世界最早的城市排水系统。距今5000 年的河南登封王城岗古城、距今约 4000 年的河南淮阳平粮台古城已使用陶制地下排水管道，是最早的城市地下排水设施。

图1-2　汉长安城发现的陶制排水管　　　　　　图1-3　明清故宫龙头排水口

　　上海的排水系统拥有百年历史，根据史料记载，在开埠前，上海城区建有传统的排水沟渠，雨污水就近排入河道。在开埠之初，租界在辟路的同时，在路边挖明沟或暗渠。1862年起，英租界先从当时的中区（今黄浦区东部）开始规划和建设雨水管道，南市、闸北等地也从20世纪初开始改建排水管道。

　　新中国成立前全国103个城市建有排水设施，管线总长6034.8km，全国只有上海、南京建有城市污水处理厂，日处理能力为4万 m³。新中国成立初期至改革开放以前，由于我国城市化进程一直比较缓慢，各城市的排水管道和处理设施建设也相应滞后。改革开放后，特别是进入1990年代以来，我国的城市排水管道总里程发生了非常显著的变化。如图1-4所示，根据住房和城乡建设部发布的信息，我国城市排水管道的总长度在2007年只有29.2万 km，而至2016年末达到了57.7万 km，从2007～2016年每年都以8%以上的增幅增长，最近十年全国城市排水管道总长度几乎翻了一番。

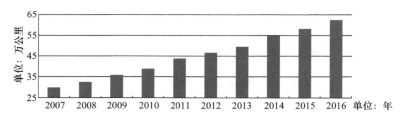

图1-4　中国2007～2016年排水管渠总里程

　　与19世纪修建的用于排除家庭和街道废弃物的地下管网一样，过去3个世纪里建立城市排水系统也仅仅是一个权宜之计，用以移除城市里不需要的水（戴维·塞德拉克，2014）。城市排水系统是城市雨水排放、水污染控制和水生态环境保护体系中的重要环节，是保证城市生存、持续发展的重要基础设施，更是城市"吐故纳新"的生命保障。城镇排水管渠成为城市的生命线，其肩负着雨水、污水的排放功能，是市政管道的重要组成部分。城市的污水、废水以及雨水等通过城市排水管道输送到指定点进行处理，同时也承担城市排涝、防洪的重要作用（图1-5、图1-6），与城市人们的生活环境水平高度相关，对城市的经济发展具有先导性的作用，是城市现代化程度的重要衡量标志。

图 1-5　伦敦 150 年前建的排水管渠　　　　　图 1-6　日本地下调蓄池

1.2　排水引发的"城市病"

1.2.1　城市内涝

　　城市内涝是指由于强降水或连续性降水超过城市排水能力，或因排水系统设施不完善、管理不完善，致使城市内产生积水灾害的现象。造成内涝的客观原因是降雨强度大，范围集中。降雨特别急的地方可能形成积水，降雨强度比较大、时间比较长也有可能形成积水；主观原因主要是国内一些城市排水管网规划标准比较低，建设欠账比较多，排水设施不健全，建设质量不高。对于已经在运行的管道，不少已进入老化衰退期，得不到有效的修复，水流长期淤塞不畅，疏通养护不及时。另外，城市大量的硬质铺装，如柏油路、水泥路面，降雨时水渗透性不好，不容易入渗，也容易形成路面积水。自 2000 年以来，我国大中城市平均每年发生 200 多起不同程度的城市内涝灾害（图 1-7），不仅严重影响了城市的正常生活秩序，也造成了较大的生命财产损失，引起了社会各界的广泛关注。

图 1-7　某城市内涝场景

　　除上述原因导致城市内涝外，从排水设施上来讲，其日常管理和维护不到位也极易造成内涝。主要有以下方面：

　　（1）雨水管道修理不及时。如坍塌、错口、变形等结构性问题没有得到及时的根除，完全阻碍或部分阻碍雨水排放。

（2）雨水管道疏通养护不到位。如堵塞、淤积、树根、残留坝墙等缺陷致使排水能力消失或不能充分有效地发挥。

（3）污水和外来水占据雨水系统空间。在分流制地区，由于雨污混接，雨水系统流入了污水，使雨水过水能力下降。在高地下水位地区，因管道破损，地下水入渗排水管道，加之河水倒灌，造成"清水占了排水道"。

（4）雨水收集口遮盖。路面树叶等垃圾遮蔽雨水箅子，地面径流不能进入雨水收集系统。

1.2.2 路面塌陷

城市道路作为城市重要的基础设施之一，关系着广大人民的生命财产安全，但近年来城市路面塌陷吞噬行人或车辆的事情却并不少见。导致路面塌陷的因素有很多，路基土体的流失往往是城市路面局部塌陷的主要原因。土体的流失中，水是诱因，土是"当事人"，而路基是硬质的，水把路基底下冲空了就造成了塌陷。水冲路基土体主要是因为排水管道接口密封性不好，或者管体破损，造成长期向外渗漏或向内渗漏，在水力的作用下，把管道四周和接口四周的路基的土层洗空了，形成空洞，造成塌陷。与此同时，塌陷亦会对排水管道周围的其他管线或构筑物造成破坏，上水管的破裂所形成的强水流会加快空洞形成的速度。地下燃气管支撑土体的流失会使管体爆裂，遇火极易产生爆炸。地铁或建筑物等周边土体流失，会失去应力平衡，易造成沉降、倾斜或变形。近年来，我国发生了多次道路塌陷事故（表1-1、图1-8），下为一些典型案例。

2012年以来全国路面塌陷的典型案例 表1-1

时间	地点	原因
2012.2.29	浙江省杭州市杭州汽车客运中心附近	管道错口，渗漏
2013.4.13	湖南省长沙市河西潇湘北路附近	管渠破损，渗漏
2013.5.20	广东省深圳市横岗街道红棉二路路口	管渠破损，渗漏
2013.8.13	四川省成都市宏顺街169号附近	管渠破损，渗漏
2014.5.26	吉林省长春市南关区东头道街附近	管渠破损，渗漏
2015.8.17	河南郑州市经二路纬四路口	管道破损
2016.8.23	甘肃省兰州市张掖路等4处	管道破裂，渗漏
2017.5.9	安徽省安庆市人民路湖心路交叉口	管道破裂

图1-8 北京、杭州路面塌陷事故

这些事故的不断出现为城市管理者提出了新的课题,即怎样提早发现找到地下空洞?怎样预防路面下面产生空洞?虽然地质雷达(Ground PenetratingRader,简称GPR)技术可以在发现城市道路空洞中发挥作用,能够确定空洞位置及范围,但在地下水位高等介质差异不明显的情况下,空洞就很难被确定。而且,地质雷达虽能发现空洞,但毕竟空洞已经形成,险情已经出现,所以,让险情不要出现,或者在险情刚出现苗头时予以消除,才是杜绝城市道路塌陷的根本。

排水设施的渗漏通常分为内渗漏和外渗漏两种类型。内渗漏(Infiltration)是指排水管道或检查井等设施以外的水通过破裂、脱节和密封材料脱落等缺陷处流入管网内部,其往往伴随着管网设施周围沙土的带入。土体流失形成脱空的"元凶"(图1-9)。由于管道老化、施工质量等多方面原因,在地下水位高于管道标高的地区,往往一开始只产生渗水,然后逐渐发展成滴水和一股水(图1-10),最终形成涌状。管道周围沙或土会随着水流进入管道,空洞会随着地下水的渗入量的增加而变得越来越大。在我国南方地区,因排水管渠破损而导致路基松动的情况时有发生,严重时还会发生沉管事故、路面塌陷,危及交通安全。外渗漏有时也会造成路面塌陷。在地下水位低的地区,管道内的水会穿过破损处浸泡或冲刷管道周围土体,使土体承载能力下降或使渗漏口处产生空洞。

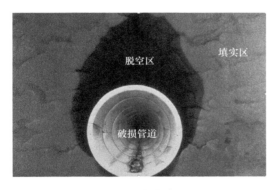

图1-9 管道脱空

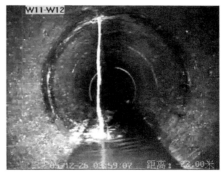

图1-10 内渗水

无论是内渗漏,还是外渗漏,在渗漏发生的初期,未形成空洞前,快速有效地止漏是避免路面塌陷的最佳措施。而对排水管道定期检测,及时发现渗漏所在,避免产生空洞才是核心。

管道检测与维护对于保持管道的正常运行有着重大意义,一些城市已经采取各种检测方法对现有的管道进行检测,但检测结果不容乐观。上海市某区的排水管渠检测结果显示,污水管渠病害率达44.8%,雨水管渠病害率达32.3%。排水管渠存在的各种病害严重影响了管渠系统的正常运行,并引发排水安全问题、环境安全问题和交通安全问题等。

1.2.3 水体黑臭

如图1-11,在我国不少城市,黑臭水体触目惊心,必须尽快得到治理。国务院印发实施的《水污染防治行动计划》明确提出"到2017年,直辖市、省会城市、计划单列市建成区基本消除黑臭水体。到2020年,地级及以上城市建成黑臭水体均控制在10%以内的目标"，住房和城乡建设部等部门制定了《城市黑臭水体整治工作指南》，2016年由住房和城乡建设部出台的《城市黑臭水体整治——排水口、管道及检查井治理技术指南》是对《城市黑臭水体整治工作指南》中"截污控源"、"就地处理"技术的细化和具体化。地方各级人民政府管理人员和相关技术人员必须充分认识到"黑臭在水里，根源在岸上，关键在排口，核心在管网"。水污染物是通过沿水体的各类污水排水口、合流污水排水口和雨水排水口异常排放和溢流导致的（图1-12），所以城市水体黑臭的根源在于城市建成区的水体污染物的排放量超过了水环境的容量，城市黑臭水体整治工作的关键在于对各类排水口的治理，其核心在于城市有完善和健康的排水管网（张悦，唐建国等，2016）。查明排水管道及检查井存在的各种缺陷和雨污混接情况，是治理过程中最基础的工作，从而实现治理措施的针对性。

图 1-11　河道水体污染　　　　　　　　　图 1-12　向河道直接排污

管道埋设在地下水位以上的地区，排水管道和检查井室内污水在静压差作用下，通过管道接口或管道、检查井破损等结构缺陷处渗出管网外部，这称之为污水外渗（Percolation）。污水从破损的排水管道流出，会引起土质或浅层地表水受到污染，故而延伸污染至周边的水体。一旦遇雨天，受到雨水的驱动作用，会加速对水体的污染。不同的污水种类对地下水污染也不尽相同，金属离子的危害可以遗留很多年，超过地下水自净能力的有机物污染会累积其中，逐渐对周围植被、河流、生物、人群等产生影响。由于地下水污染隐蔽难以监测，具有发现难和治理难等特点，发现时往往已造成严重的后果，处理成本极高。

为了减少和消除这一现象，必须要清晰地了解管道的运行状况以及管道损坏状况，对管道损毁的种类以及产生的后果进行必要的了解以便更好地分析管道缺陷，预测管道可能出现的问题以及选择合适的修复方法。

1.2.4　污水浓度异常

我国多数城市居民小区污水化学需氧量（CODcr）排放浓度超过400mg/L，可是很多污水处理厂进水CODcr浓度却不足200mg/L，有的甚至不足100mg/L，外来水占了总处理水量的一半以上，稀释作用巨大。外来水（Extraneous Water）包括通过排水管道及检查井破损、脱节接口等结构性缺陷入渗排水系统的地下水（图1-13）、泉水、水体侧向补给水、漏失的自来水等，通过排水口排水倒灌排水管道的河（湖）水等，通过检查井盖孔隙流入排水管道的地面径流雨（雪）水等。CODcr的过低直接导致污水处理技术的受限和处理量以及成本的上升。地下水入渗、雨污混接和水体水倒灌是降低CODcr浓度的三大主要原因。《城市黑臭水体整治——排水口、管道及检查井治理技术指南》中明确提出："排水管道敷设在地下水位以下的地区，城市污水处理厂旱天进水化学需氧量（CODcr）浓度不低于260mg/L，或在现有水质浓度基础上每年提高20%；排水管道敷设在地下水位以上的地区，污水处理厂年均进水CODcr不低于350mg/L。"

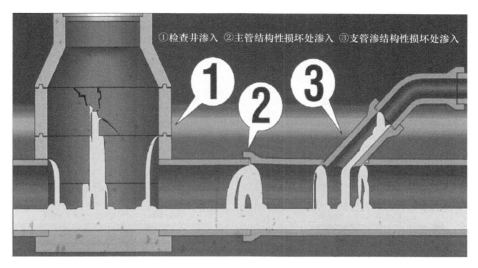

图1-13　内渗水示意图

1. 地下水渗入

按日本设计规定，地下水的渗入量占最大污水量的10%～20%。世界银行贷款的排水工程要求地下水渗入量按污水量的10%计算。英国习惯按旱流污水量的10%计算地下水渗入量（林家森，2004）。在美国，$D200$～$D600$的管道地下水渗入量平均值为$17.8m^3/(km \cdot d)$。

我国地下水入渗远高于上述设计要求，甚至高达污水量的50%以上，污水处理厂进水COD_{cr}不足150mg/L就是证明。据测算，我国排水管道地下水入渗量高于$140m^3/(km \cdot d)$。

如图1-14所示，地下水渗入是我国当前排水设施的一大顽症。

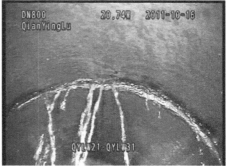

图1-14　我国某城市排水管道的地下水渗入

2. 分流制地区雨污混流

在分流制地区的雨天时，由于雨水系统和污水系统通过不合法的单个或多个节点相互贯通，各收集口也未收集到应该收纳的水，致使雨水和污水混流，雨水管和污水管中水质浓度均产生异常。在旱天或雨天，一方面污水通过雨水系统在雨水排水口溢流掉部分污水量，另一方面雨水等外来水进入污水系统，使进入污水厂污水浓度变淡和水量的增加。我国南方多数城市几乎都存在这一现象。主要表现在：建筑物雨水收集立管的污水直入；居民小区、工、矿和企事业单位内部的乱接；沿街餐饮或洗车店的私接乱排（图1-15）；市政雨污管道错接（图1-16）。

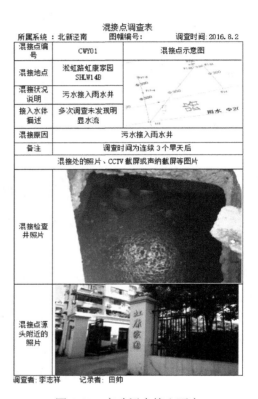

图1-15　餐饮店私接雨水口　　　　　　　　图1-16　市政污水接入雨水

3. 自然水体倒灌

倒灌（Flow Backward）是指河水、湖水、江水、海水等水体通过排水口倒流入排水管道。在雨水管的排水口或合流管的溢流口一般都设置防倒灌装置，如拍门、鸭嘴阀等。当这些装置失效关闭不严时，自然水体的水位一旦高于出水口，就会出现：

（1）在合流制地区，自然水体的水会从溢流排水口反流进入污水管道；

（2）在截流式分流制地区，自然水体的水会漫过溢流堰进入截流管，从而进入污水系统；

（3）分流制地区的雨污管道混接的存在也会导致自然水体水通过排水口倒灌进入排水系统，造成雨污混流（图1-17）。当污水系统启动泵排时，这一现象尤为严重。

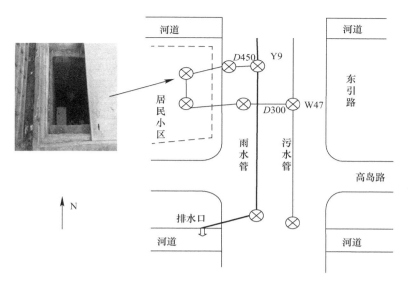

图 1-17 某居民小区内部雨污混接引起河水倒灌

1.3 排水管渠维护

1.3.1 主要任务

排水管渠建成通水后，必须进行科学化、机械化、规范化和精细化的维护，以保证设施完好和安全稳定运行。主要任务有：

（1）验收接管排水管渠

建设单位在敷设新管或修理旧管完成后，需移交城市排水设施管理部门。排水管理部门须依据国家或地方规程要求，组织专业技术人员或委托第三方使用专门仪器设备对被移交的管道进行检测，根据检测结论作出是否接管的决定。

（2）监督排水使用规则的执行

利用行政手段，依据国家或地方有关排水管理方面的政策或规章，对管道的接入、排放、养护和修理等环节进行监督。

（3）定期检查、检测和评估

按照行业或地方的排水管道检测方面的规程要求，定期利用视频等手段检测评估管渠的运行现状，提出整改措施。

（4）冲吸或疏通

淤塞、结垢和树根等阻碍水流的情况，利用人工简易清捞工具或机械化设备予以疏通清除。清捞出来的废弃物一般移至专门的场所，经脱水减量后送固体垃圾填埋场，亦可焚烧或二次利用。

（5）修理管渠或附属构筑物

当腐蚀、渗漏、破裂、错口和脱节等情况发生时，及时采取开挖或非开挖的办法予以修复，避免损坏程度的加剧。在城市，为保护环境，减少扰民，削减成本，防止次生灾害的发生，应尽量采用非开挖的工法。

（6）处理突发事故

遇积水、路面塌陷和爆管等情形时，管理人员赶赴现场，查清排水管渠对灾害的影响，及时处置。

1.3.2 维护流程

只要有人类活动，排水管渠的维护必然是一项周而复始且永恒的工作，它具有周期性、重复性和应急性等特点，为避免突发事件的发生，排水管渠日常维护尤为重要，其流程见图1-18。

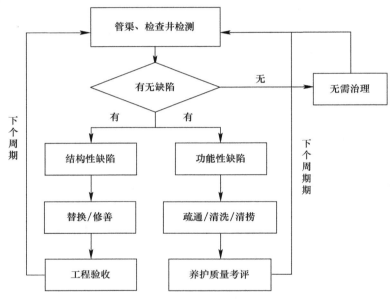

图1-18 维护流程图

在排水管渠整个维护过程中，必须首先对管渠、检查井、雨水口和排水口等设施进行检测，然后根据检测结果制定相对应的整改计划并予以实施。

1.3.3 维护效果的评价

排水管渠维护效果主要看排水管渠的运行效率，是否基本达到规划和设计的要求，其评价指标一般要从管网设施本身和管渠中流体两方面综合评定。主要评定要素包括：

（1）静态状况：管渠、检查井、雨水口和排水口空间位置和物理结构现状、管径大小、材质、粗糙度、井室形状等；

（2）动态状况：淤积程度、充满度大小、流量、浓度（CODcr指标等）、水温、路面积水等；

（3）混接状况：分流制地区市政雨污水管的混接、流入市政雨水管道污染源调查、排水口的污染源调查。

排水管渠的运行效率高低直接决定了现有排水设施是否得以充分利用，它关系到海绵城市（LID）建设、黑臭水体整治和消除城市内涝等工作的有效实施，保证其高效运行，也是开展这些工作的必要条件，主要评价指标见表 1-2。

排水管渠运行评价指标   表 1-2

项目	结构	功能	错接	排放
管道检查井	管体、检查井及连接部位完好	过水断面不小于管径的 4/5	雨污水管道无直接连接	无污水管直排自然水体
水流	上下游水位和流量正常	达到设计流速，充满度至少小于 0.9	旱天雨水管无流水、污水管浓度正常	旱天雨水或合流排水口无流水

1.4　排水管渠检测的必要性

1.4.1　排水管渠检测的内涵

排水管渠根据检测对象的新旧程度分为新敷设管道，或修复后管道渠竣工质量检测以及对运行中管渠的周期性检测。

新管竣工验收检测必须依据住建部颁发的《给水排水管道工程施工及验收规范》GB 50268—2008 进行管道功能性试验，包括以水为介质对已敷设重力流管道所做的无压管道闭水试验（Water Obturation Test for Non-Pressure Pipeline）和以气体为介质对已敷设管道所做的无压管道闭气试验（Pneumatic Pressure Test for Non-Pressure Pipeline）。这两种严密性试验一般针对污水管道、雨污合流管道以及湿陷土、膨胀土和流沙地区的雨水管道，近些年由于雨污管道的错误连接，雨水管成了合流污水管道，为防止对土体和水体的污染，雨水管道无论管体周围是何种土质，均有必要在新建管道竣工验收时做严密性试验。

本书中检测的内容不针对新敷设管道竣工验收型检测，但所采用的技术方法可作为严密性试验的补充。如电视（CCTV）检测技术可以广泛用于新建排水管道竣工验收，是有力的辅助手段和保障。

广义的排水管渠检测包含排水管道缺陷检测、检查井缺陷检测、混接调查检测、地下水等外来水入渗调查和污水外渗调查等。

排水管渠检测的对象包括：管道、渠道、检查井、雨水收集口、排水口和集水井等。

1.4.2　制定养护计划的依据

排水管渠养护是一项日常性工作，按照住房城乡建设部发布的《城镇排水管渠与泵站运行、维护及安全技术规程》（CJJ 68—2016）的规定，管渠、检查井和雨水口应定频次进行清淤、疏通和清捞。设定最低养护频次，不是养护工作重点，即使达到了养护频次也未必能保证任何时刻全网的畅通。对一些先天敷设质量好或流速较快无淤积的管渠，没有必要对其进行疏通养护。对一些设计不合理、管龄较长或流速非常慢的管渠，应该增加频次重点予以养护。城市中每一段管渠和每一个检查井的现状都不尽相同，千篇一律地采取同一频次进行养护，势必费时费工费钱。世界上发达国家排水管网的养护一定是在制订养护计划阶段，就先基本查清管道和检查井堵塞或淤积的一般规律及现状，掌握每一段管渠的畅通程度和预期，然后在此基础上，投入不同的人、财、物予以疏通清洗养护，这样做可实现高效和节约。检测是养护工作的重要内容，是管渠养护整个流程中的重要环节。在编制养护计划前，采取实地巡查和检测相结合，获取以下信息：

（1）管渠或检查井内积泥深度，测算污泥量；

确定采样点选取规则，利用仪器或者简易工具测定积泥深度，并以管段为单位计算出平均积泥深度。一个检查井一般只测定一个深度数据。测算管道污泥量的公式为：

$$管道污泥量＝平均污泥横截面面积×管段长度 \qquad (1-1)$$

（2）流速和充满度；

考虑管道材质本身抗冲击能力的不同，金属管道的最大流速不能大于 10m/s，非金属管道不能大于 5m/s。重力自流管道的流速一般是 0.6～0.75m/s，保证不发生积淤。当输送高含沙水流时，最小运行流速应大于泥沙的不淤流速。

充满度（Depth Ratio）是水流在管渠中的充满程度，管道以水深与管径之比值表示，渠道以水深与设计最大水深之比表示，污水管道的设计充满度见表 1-3。

各种管径设计充满度　　　　　　　　　　　　　　　　　　　表 1-3

管径（mm）	最大设计充满度
200～300	0.55
350～450	0.65
500～900	0.70
≥1000	0.75

（3）井盖及雨水箅完好度；

编写养护计划前，巡查排水检查井井盖和雨水箅的完好情况是非常必要的，排查所辖的井盖设施情况，查漏补缺，对已缺失或损坏的安全防护网要及时更换。对存在安全隐患尚未加装安全防护网的排水井进行加装，如发现井盖等排水设施丢失、损坏、移动等情况，还要设置围挡和警示标志，并及时进行补装、维修、更换及修复。同时还要检查井盖开启的便利度，以防遇暴雨抢险过程中，难以打开井盖加快排水和抢险完成后及时恢复井盖。

1.4.3 制订修复方案的依据

无论是开槽修复还是非开挖修复，其对策均来自于检测的结果。对已经出现缺陷的管渠，依据住房城乡建设部《城镇排水管道检测与评估技术规程》CJJ 181—2012 中的有关条文进行评估，计算出修复的紧急程度，即修复指数（RI）。一般在修复指数大于 4 时，就必须及时维修。在新加坡等一些发达国家，大面积城市建设已经停滞，新建排水管道相对我国较少，早已将精力投入现有管渠的管养，因而排水管网等城市基础设施运行状况较好。所以，防止管渠病害的产生或防止病害的加重成为排水管理者的一项重要工作，应本着"早发现，早治疗"的原则，开展预防性修复，将病害消除在萌芽之中。

以修复为目的的结构性检测，不同于以养护为目的的功能性检测，它在正式检测前，必须要采取各种疏通清洗措施，将被检管道完全清晰地暴露出来，以便准确观测，获取视频影像等信息。获取这一信息的方法很多，电视摄像（CCTV）、相机拍照、肉眼直接观测等一手资料均可作为修复计划制订的依据。在获取缺陷的种类和等级的同时，还必须配套量测出缺陷的位置和范围。

在制定修复方案时，需要掌握管道相关的信息，主要有：

（1）管道属性：雨水、污水、合流；

（2）管道所属的排水系统：查询排水规划图可找出所属排水系统的名称；

（3）管道在所属排水系统中的地位：从排水地理信息系统或排水管网图上，结合管径数据，可得出主要性的参数；

（4）竣工年代和原施工方法：从业主档案资料里查获；

（5）地质和地下水位：从当地有关部门查询管道所在区域的地质资料；

（6）管道周边环境：其他构筑物发布、道路交通状况；

（7）封堵和临时排水：从当地主管部门取得封堵和临时排水许可。

1.4.4 雨污分流工程的需要

1. 确定雨水和污水管的混接点

在分流制地区，雨水和污水本应各行其道，但现实情况是"难舍难分"。世界上没有一座城市完全实现了真正且彻底的雨污分流，但必须使用各种手段不断改善，使混流程度降至最低。消除雨污混流现象是一项长期的过程，不能操之过急，通常按照下列原则实施：

（1）按流域或收集服务区分片逐个整治，先易后难；

（2）混入水量大的优先整治，分大小逐个消除；

（3）污染程度高的优先，分轻重依次治理；

（4）整治结束后动态管理跟上，防止"死灰复燃"，导致新的混接产生。

整治必须先有计划，而计划的起点往往从现有管网的雨污混接现状调查开始，没有前期仔细的调查摸排，所有计划只是空谈。只有掌握了现实状况，计划中的工程设计、改造方案、实施方法、工艺流程、费用预算以及配套措施等内容才能有的放矢。

2. 查找雨水系统中污染源

污染源是指造成环境污染的污染物发生源，通常指向环境排放有害物质或对环境产生有害影响的场所、设备、装置或人体。任何以不适当的浓度、数量、速度、形态和途径进入环境系统并对环境产生污染或破坏的物质或能量，统称为污染物。污染源按污染的主要对象，可分为大气污染源、水体污染源和土壤污染源等。

雨水系统除了受到初期雨水以及路面径流污染外，形形色色的来自城市各个角落的污水直接或间接地流入了市政雨水管渠、居民阳台加装烹调或卫生设施、路边餐饮店私排管接入市政雨水口等都是直接的单个污染源，排水户（居民小区、工厂、学校、医院等）内部的混流在雨水出门井处输出污水或混合水又形成了间接的单元污染源。这些污染源大多数比较隐蔽，查找非常困难，要搞明白它来自哪里，光凭肉眼简单地巡视查找，多数不得而知。这就需要专业人员借助专业仪器设备，采用不同的技术手段，才能找出污染源之所在，为截污工作提供方向。

3. 截污纳管的依据

截污纳管是一项水污染处理和水体污染防治工程，就是通过建设和改造位于河道两侧的工厂、企事业单位、国家机关、宾馆、餐饮、居住小区等污水产生单位内部的污水管道（简称三级管网），并将其就近接入敷设在城镇道路下的污水管道系统中（简称二级管网），并转输至城镇污水处理厂进行集中处理。简言之，即污染源单位把污水截流纳入污水截污收集管系统进行集中处理。该项措施为城镇污水处理效益提升和功能发挥起着重要作用。

截污纳管工程设计之前，先期对所有将被纳入的污水管道进行调查和检测，调查长度不少于距离现有污水排水口第一个检查井，其内容有：空间位置、管径、材质、管龄、物理结构状况、污水水质和水量。设计人员只有得到了这些数据或信息后，才能设计出合理的收纳管的管位、管径和坡度等要素。

4. 摸排倒灌点

对城市排水而言，受潮水或持续强降雨等因素影响，水位上升，河水或海水通过半淹没或全淹没的排水口向排水管道或检查井里倒灌，形成管道里滞水、壅水和回水。主要危害是导致排水系统紊乱、城市排水能力下降、城市内涝加重加快以及污水处理厂超量溢流等。为防止倒灌，排水口一般都要设置止回装置，这些止回装置在关键时候是否发挥作用，就看平时的检测和养护是否到位。不少装置长期在水位线以下，长期受河水浸泡或海水侵蚀，易腐蚀老化和锈蚀。城市排水中的垃圾等粗颗粒物也容易使这些装置关闭不严。为了止回装置不失灵，定期检测，特别在汛期加大检测频次显得非常重要。

1.5 排水管道检测技术的发展

最早的排水管道只是为了防涝，管道的功能只是将大部分雨水排入就近的水体。随着城市的发展、人口数量不断膨胀和现代化水平不断提高，污水要收集起来集中处理，地上地下建（构）筑物密度增大，排水管道的重要性愈来愈显现。它除了要保证不间断运行外，还要保证在运行过程中对城市其他公共设施不构成破坏以及对人民生命财产不构成威胁，这就为新建管道或使用中的管道提出了检测的要求，特别是污水管道作为生活和工业废水收集处理的重要组成部分，其结构的严密性至关重要。管体足够的强度，管材抗疲劳抗腐蚀的耐久力，施工质量的把控，都是保持管道严密性的因素。

1.5.1 发达国家的检测技术

发达国家早期的检测主要以人工检测为主。1950 年代的欧洲，伴随着电子技术的兴起，电视开始走向人们的生活，电子工程师和排水界合作研究用视频获取管道内壁影像。这项技术的早期形态为水下电视摄像技术，德国在 1955 年开始进行研究。1957 年德国基尔市的 IBAK Helmut Hunger GmbH Co. KG 公司生产出第一台地下排水管道摄像系统，该系统经水务和航海部门授权在德国西部城市杜伊斯堡和瑞典使用，该系统设计采用三个摄像镜头，安装于浮筒装置上，通过拖拉的方式进行操作。该设备体积大，在操作之前，需要移开保护玻璃，且拖拉距离按照水域的平均宽度设计仅为 10m。美国 CUES 公司于1963 年设计生产出了该国第一台摄像检查系统。1964 年 12 月 18 日英国的托基时报（图 1-19）首次报道在城市下水道中使用闭路电视检测设备（CCTV）检测下水道的结构性和功能性缺陷。早期的设备体积较大，镜头易碎并且显得笨重，有些镜头的尺寸为680～760mm，直径为 150mm，很难进入小于 600mm 直径的管道，使用距离一次仅为

50m，并且当时 CCTV 获得的图像并不完美，但比较起传统检测技术已经进步了很多。1970 年英国给排水运作体系重组后，针对全国的给排水资源的状况开展了一系列的调查工作。英国水研究中心（简称 WRC）为此于 1980 年代初期出版了《排水管道修复手册》（SRM）第一版，发行了世界上第一部专业的排水管道 CCTV 检测评估专用的编码手册。欧洲标准委员会（CEN）在 2001 年也出版发行了市政排水管网内窥检测专用的视频检查编码系统。日本于 2003 年 12 月颁布了《下水道电视摄像调查规范（方案）》。

图 1-19　英国托基（Torquay）时报

1.5.2　我国的检测技术

我国早期的管道检测手段简单落后，主要以人员巡查、开井检查和进入管道内检查为主要手段，辅以竹片、通沟牛、反光镜等简单工具，对于管径小于 800mm 人员无法进入的管道基本不检查，大口径管道也只是发生重大险情时才派员深入到管内检查，常常因管内的有毒有害气体造成人员伤亡事故。在技术标准制订方面，排水管道检测自改革开放以来，长期处于空缺，对运行中排水管道只在"通"和"不通"，"坏"和"不坏"，"塌"和"没塌"中作简单评价。小病不治，大病难医，粗放式的管理必然导致事故发生。

我国香港特别行政区早在 1980 年代就开始对排水管道用电视手段进行检测，2009 年发布了《管道状况评价（电视检测与评估）技术规程》第 4 版，基本参照英国模式。中国台北市也于 1990 年代中期利用 CCTV 对排水管道进行检测。

2003 年初，英国的电视和声呐检测设备被引进中国上海，上海市长宁区率先开始用 CCTV 对排水管道进行检测，2004 年上海市排水管理处着手制定上海市排水管道电视和声呐检测技术规程，于 2005 年由上海市水务局发布试行，经过 3 年多的试行，在 2009 年，再组织专家修订，由上海市质量技术监督局将此标准升格成为上海市地方标准：《排水管道电视和声呐检测评估技术规程》DB31/T 444—2009，规程中对管道视频检测出现的各种图片进行了分类和定级，首次确立了评估方法和体系（后来已被全国采用）。这是国内首部排水管道内窥检测评估技术规程，这部地方标准的出台，为我国城镇排水管道检测技术的发展和应用做出了不可磨灭的贡献。后来广州、东莞等城市都相继发布了地方规程。2012 年 12 月 1 日，住房和城乡建设部发布了《城镇排水管道检测与评估技术规程》CJJ 181—2012，为各地开展城镇排水管道检测提供了技术依据。

排水管道发生事故的可能性随着运行时间的增长而增加，我国很多管道已使用了几十年，到了事故高发期，必须尽快采取有效措施，以最大限度地减少事故的发生。自 2003 年开始，我国已有很多城市利用 CCTV 等先进设备对排水管道进行检查，不但查出了非常多的结构性"病害"，也查出了城市排水养护运营单位诸多养护不到位的问题。实践证明，运用先进技术开展管道状况调查，准确掌握管道现状并根据一定的优选原则对存在严重缺陷的管道进行维修和改善就可以避免事故的发生，同时也能大大延长管道寿命。

有了先进的检测技术，还必须有政府相配套的政策，如检测对象、检测计划、市场管理、人员培训教育、收费定额等，只有这样才能将这种利国利民的事业落实到位。检测实施主体资格的认定，目前在我国还没有统一的规定，有的城市要求取得 CMA（中国计量认证 China Metrology Accreditation），有的城市要求检测承担企业需在本地排水管理部门备案，如上海市排水管理处于 2007 年 1 月 8 日就下发了《关于本市排水管道电视和声呐检测作业企业登记管理的通知》，截至 2017 年 1 月 11 日，上海市已登记的企业达到 95 家。承担检测任务的企事业单位符合下列条件：

（1）国家工商部门认定的独立法人主体；

（2）注册资金 100 万以上；

（3）职工人数 10 以上，有检测作业操作人员 4 人以上；

（4）拥有满足规范规定的检测设备，如 CCTV 和声呐等；

（5）拥有硫化氢等有毒有害气体测试仪；

（6）拥有人员、仪器设备及物资的运输车辆。

企业资格审查的核心是具备检测评估能力的人。英国排水管道检测行业采取评估师制度，检测评估活动是围绕评估师展开的，评估师资格必须经考试取得，相当于我国律师、测量师等职业资格认定，只有评估师个人签名认定的评估报告才被认定有效。我国起步较晚，还没有设置类似英国评估师这样的职业资格序列，但由于行业的发展对专业的检测人员需求越来越迫切已有不少城市的排水管理部门或行业协会组织对从业人员进行培训，培训项目包括专家授课、现场实操、计算机辅助报告编制以及考试，合格者颁发培训合格证书（图 1-20、图 1-21）。

图 1-20　上海市样本

图 1-21　中国规划协会样本

思考题和习题

1. 城市排水系统的缺陷所引发的"城市病"有哪些？产生何种影响？
2. 污水处理厂入厂浓度异常所形成的原因包括哪些？
3. 排水管渠维护的主要任务是什么？
4. 良好的排水运行状况应该符合哪些标准？
5. 什么叫充满度？如何计算？

6. 在雨污分流改造工程前，应该查明哪些要素？

7. 叙述新管道竣工验收检测和旧管道检测各自的含义。

8. 简要回答城市黑臭水体和排水管网的利害关系。

9. 简要描述排水管道脱空造成地面塌陷的形成机理。

10. 已知管径为 1000mm 的圆形管道，平均积泥深度为 502mm，管段长度 45.2m，试计算其淤泥土方量。

第2章 基础知识

2.1 检测的应用范围

2.1.1 周期性普查

普查是为了某种特定的目的而专门组织的一次性的全面调查。普查涉及面广，指标多，工作量大，时间性强。为了取得准确的统计资料，普查对集中领导和统一行动的要求最高。而周期性普查则是按照固定的时间或空间间隔，让其按同样的顺序重复出现。排水管道周期性检测类似人的定期体检，是排水管渠维护过程中最基础性工作，在一些发达国家和地区，倍受排水管理者重视，对检测周期和频次都有详细的规定，如英国，无论管径大小，不允许人进入管道检查，1~5年检查一次。日本原则上是10年一次。中国香港对滑坡区要求5年一次。

我国自新中国成立60多年以来，几乎一直处在建设阶段，不断地敷设新管是快速实现城市化的必然选择，故而对投入运行的管道检测无暇顾及，未曾有城市开展对排水管道的普查，直到2012年中华人民共和国行业标准《城镇排水管道检测与评估技术规程》的发布，从国家层面，首次提出了排水管道要按一定周期进行检测。3.0.4条就明确规定了：以结构性状况为目的的普查周期宜为5~10次/年，以功能性状况为目的的普查周期宜为1~2次/年。当遇到下列情况之一时，普查周期可相应缩短：

（1）管道位于粉沙、流沙、淤泥等湿陷性土层；

（2）管道老旧，管龄超过30年；

（3）管材质量先天不足，敷设施工质量差；

（4）重要商业区、人口密集区、城市干道或城市敏感区下的管道；

（5）水质、水量、水温等因素影响管道"健康"的特殊管道。

一个城市若打算长期开展普查工作，首要任务是"摸清家底"，先查清楚所有排水管道的空间位置以及相关属性，和城市地理信息系统（GIS）叠加，形成专业排水地理信息管理系统，实现计算机管理下的空间中的有关地理和排水管网分布数据进行采集、储存、管理、运算、分析、显示和描述的技术系统。在此基础上，规划普查范围和普查时间段，要基本实现结构性检测5~10年一个轮回，功能性检测1~2年一个轮回，对于特定区域确定单独确定普查周期。曾未普查过的管道，在经历第一次检查后，一般都能判断其生命周期和预估出下一次应该检查的时间。普查是一项循环往复的工作，实施线路如图2-1。

2.1.2 竣工验收和交接检查

敷设排水管渠和修理排水管渠工程施工结束后的验收环节是必不可少的，项目承建单

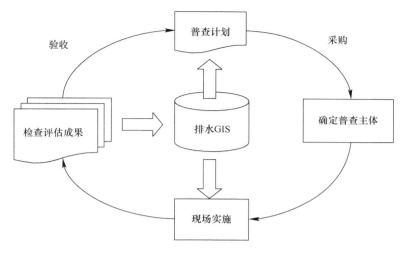

图 2-1 普查实施线路图

位（施工方）通过质量验收来证明工程合格与否，建设单位（委托方）依据验收结论作出是否接受的判断。建设单位负责埋设并经竣工验收合格的排水管道一般在刚刚建设完成或通水运行一段时期后，都要将产权和今后的管理养护权移交城市排水管理部门（市政或水务），在此环节，双方认可的第三方检测机构介入，其检测结论对移交设施作出公正评价，排水管理部门以此作为正式接管的依据。有时，竣工验收和交接检查同步进行。

验收或交接时，施工单位或建设单位一般要提供下列资料：

（1）设计文件及设计变更通知单；

（2）管材或修复材料出厂合格证；

（3）管道安装施工纪录，包括施工过程中对重大技术问题的处理情况；

（4）监理报告、质量检验记录和质量验收报告。

1. 敷设新管验收

排水管道进入沟槽安装并覆土后，及时清理剩余土方和材料，机具设备及时归库。施工用水、用电设备及时撤除。若因为施工需要封堵了其他管道，封堵的设施撤除干净，不能留有残余，恢复排水完全畅通。以顶管或牵拉等非开挖方法敷设完成后，及时处理好工作坑和接受坑。

工程完成后依据中华人民共和国国家标准《给水排水管道工程施工及验收规范》GB 50268—2008 进行验收，一般分成初验和终验。初验是指施工单位自行组织的验收活动，终验则是由建设单位负责组织的。参加验收的人员应该是排水专业技术人员，须掌握专业理论知识，且有工程实践经验，一般来自：建设单位、监理单位、质量管理部门和管道接管单位等。初验时，对整个工程逐项进行检查，明确整改意见。施工单位根据整改意见，逐个进行整改。在整改完成后，监理人员逐个清理消项予以确认，终极验收方可开始启动。

在管道竣工验收之前甲方对所有新建管道做一次管道内 CCTV 检测并作为竣工验收资料的一部分十分有必要。因新建管道内比较干净，所以少了管道内疏通环节，单做检测的费用相对于管道总造价不高。通过这样的检测能及时发现新做管道中存在着的缺陷并及时提供存在缺陷处理依据，特别是能杜绝新管安装不严密造成的渗漏致使管道病害扩大化，最终导致管道下沉塌陷，有利于判断管道整体的施工质量。

目前，CCTV 检测的技术的要求、评估方法等主要按照《城镇排水管道检测与评估技术规程》CJJ 181—2012 以及一些地方标准执行，这些标准主要是针对既有城镇排水管道进行检测评估，为管道的修复和养护提供依据。在新管验收时，检测发现的缺陷描述、缺陷等级分类及结构性状况、功能性状况评估等与现行《给水排水管道工程施工及验收规范》GB 50268—2008 存在着差异，CCTV 检测结果完全可以作为该规范的补充，统一并应用于施工质量验收中。

运行中的管道主要缺陷一共有 16 种，有结构性和功能性两大类，新建排水管道只存在结构性缺陷和个别功能性缺陷，存在结构性缺陷有破裂、变形、错口、起伏、脱节、接口材料脱落、异物穿入、渗漏等，功能性缺陷有障碍物、残墙坝根等 2 种。其中，破裂、错口、起伏、脱节、接口材料脱落、异物穿入等 6 种结构性缺陷在竣工验收阶段均有明确规定，障碍物、残墙坝根等 2 种功能性缺陷在竣工阶段也是必须要进行处理的，上述病害的检测和发现是可以直接用于竣工验收项目的评定。对于变形、渗漏的判别和评估，新管道和旧管道在《给水排水管道工程施工及验收规范》和《城镇排水管道检测与评估技术规程》规定的标准里是有区别的。

新管道竣工验收标准里对于变形超过规范要求时，应采取下列处理措施：钢管或球墨铸铁管道变形率超过 2%，但不超过 3% 时，化学建材管道变形率超过 3%，但不超过 5% 时，应开挖后重新夯实管道底部的回填材料、重新回填至设计标高；钢管或球墨铸铁管道变形率超过 3%，化学建材管道变形率超过 5%，应挖出管道，会同设计单位研究处理。实际上，这是对管道安装后的初始变形的规定，一般是回填至设计高程后 12~24h 内测量并记录的，未包含管道使用后的长期变形。管道经过一段时期运行后，随着管材的老化以及内外应力的变化，变形肯定会加大，所以变形标准也宜放宽。因此，CCTV 检测技术用于新建排水管道竣工验收时，其对于钢管或球墨铸铁管道 2% 变形率、化学建材管道 3% 变形率的识别是最大的障碍和不足，但是，CCTV 检测技术对于发现较大变形率的管道是适用的，近几年随着非开挖牵引管施工技术的发展，在许多刚竣工管道工程中该类较大变形率的管道缺陷是较为常见的病害。

对于开槽方式埋设的新管，在覆土前，用闭水试验就可检测出渗漏位置及渗漏程度，并有允许渗水量量化的国家标准。对于不开槽施工或旧管道，且地下水位高于管道时，只能通过"滴漏"、"线漏"、"涌漏"等可见表象来确定渗漏的位置及大小，一般不作量化的评价。当管道位于地下水位以上时，CCTV 就无法发现管内的水向外渗漏，闭水和闭气试验虽能发现有无渗漏缺陷，但具体对渗漏发生位置的确认实施起来比较烦琐。运行中的排水管道外渗漏检测还有一个难题，德国一家公司曾发明了一种可用于检测外渗的电子检漏仪，在实际应用中，由于城市中地下土质和水的导电性能的不稳定，使得漏检率较高，还未得到全面推广。

2. 修复更新

开槽撤除旧管并置换进新管的修复方式，其验收标准及方法和以上所叙述的新管敷设基本一致。

非开挖修复更新不同于敷设新管，它具有以下特征：

（1）修复往往是某个点、某个管段和多个管段，不具有连续性；

（2）地面开挖面小，甚至完全不开挖；

（3）施工期间要保持排水系统的正常运行；

（4）多数被修复管道属于老旧管道，分布在城市人口密集和交通繁忙地带，施工环境较差，风险较大；

（5）在对原有管道进行降水、疏通清洗和清捞等预处理环节，由于破坏了原有应力平衡，易造成塌陷等更大事故，更有甚者伤及周边的构筑物。

非开挖修复更新工程一般按照分项、分部和单位工程划分，当工程规模较小时，如仅一个管段，则可视为一个单位工程。具体含义见表2-1。

非开挖修复更新工程规模划分标准　　　　　　　　　　表 2-1

单位工程 （可按1个施工合同或视工程规模1个路段、1种施工工艺，分为1个或若干个单位工程）		
分部工程	分项工程	分项工程验收批
两井之间	工作井（围护结构、开挖、井内布置）	每座
	原有管道预处理	两井之间
	PE管道接口连接	
	（各类施工工艺）修复更新管道	

分项工程的质量控制直接决定了竣工验收的结果。整个修复更新工程分为原有管道预处理和修复更新管道两个阶段。预处理使用什么方法以及处理后的效果是否符合要求，均应利用CCTV等手段重复多次检测才能最终确认第二阶段，即替管修复工作的开始。修复更新工作完成后，CCTV是主要检测手段，严密性试验配合进行。对于局部修复的管道，只需使用电视检测，无须进行严密性试验。

质量标准和验收一般依据住房城乡建设部《城镇排水管道非开挖修复更新工程技术规程》CJJ/T 210—2014执行，但这只是一部推荐性标准，随着非开挖技术的不断改良以及工法种类的增多，没有涉及的或过时的一些还须进一步修改和完善。

3. 交接检查

在我国，电视和声呐技术未被用于排水管道检测之前，排水管道在建设完成后，特别是在通水运行一段时间后，建设单位移交给接管单位的环节多数未进行有效细致的检测，通常对人员可进入的管道进行下井简单巡视。人员不能进入的管道，又没有有效地针对小口径管道检测的方法，只能开井简单查看。往往在接管后，当发生事故时，分不清是施工质量问题还是养护管理问题。2003年以后，随着电视和声呐检测技术的引入，这一状况得以大大改善。上海市在2006年就发文规定：建设单位完成新建、改建工程、维修或新管道接入等工程措施的排水管道，在向排水管道管理单位移交投入使用之前，管径在$D1000mm$（含）以下的，应进行管道电视和声呐检测，结构完好、管道畅通的，接管单位可接管并正式投入使用；管径在$D1000mm$以上的，应采用电视和声呐或潜水员下管道检测方式，检测管道的畅通情况，管道畅通的，接管单位可接管并正式投入使用。2005年12月31日以前竣工的管道工程，在向排水管道管理单位移交前，应对移交总长度60%的排水管道进行管道电视和声呐检测，结构完好、管道畅通的，接管单位可接管并正式投入使用。2006年1月1日以后竣工的管道工程满两年以上未接管的管道，应进行电视检测，结构完好、管道畅通的，接管单位可接管并正式投入使用；排水管道撤除封堵后，应当进行管道电视和声呐检测或潜水员下井检查，管道封堵已拆除、建筑垃圾已清理干净的，可接管并投入使用。深圳市规定，市政排水设施验收移交程序分两部分，主要验收形式是排水主管部门与运营单位一起对完成闭水试验等工作的市政排水管道进行检查，必要时用仪器作内窥检查，提交管渠内部全程 CCTV 或 QV 录像，填写验收意见表。

实践证明，上海和深圳的做法非常有效地遏制住了排水管道这种隐蔽工程施工质量的下滑，分清了建设方、施工方和接管方各自的责任，基本消除了推诿扯皮现象，已被越来越多的城市所采纳。

2.1.3 养护工作考评

养护工作考评是对城市排水管道日常养护工作监督管理的一项重要内容。它的目的是保障城市的排水安全，减少城市内涝以及河道污染，提高城市的排水管道养护技术和管理水平。养护工作的考评一般都由整个城市排水行业管理部门组织实施。考核评分一般实行百分制，90 分（含）以上为优秀，80（含）～89 为良好，60（含）～79 为合格，60 分以下为不合格。考核内容及所占分值为：

（1）养护实施单位编制的月报告（15 分）

主要考核月报编写的规范性以及上报的准时性，对不上报的情形予以最严扣罚。

（2）电视和声呐抽检并出具报告（65 分）

一般由第三方实施，主要对主管、支管进行功能性检测，兼顾结构性检测。每次抽查的路段和样点要有一定的量，且具有代表性，考虑管龄、管径、位置等因素。以上海为例，不同管径的抽检比例见表 2-2。

不同管径抽检比例表　　　　　　　　　　　　　　　　　　　　表 2-2

类别	雨水	合流	污水
大、中、小管道比例	3：4：3	2：4：4	1：5：4

（3）巡视、开井目测以及用简单工具等常规检查（20 分）

委托第三方检查，其内容涵盖积泥深度超限、硬块杂物留存、井壁清洁、井盖（框）平稳度、防坠网和爬梯牢固度等形状。以上海为例，评分标准见表 2-3。

排水管道养护要求评分标准表　　　　　　　　　　　　　　　表 2-3

类别	检查项目	检查要求	本项总分	检查数量	单项扣分
雨水管	管道	管道畅通，积泥深度不超过 1/5 管径	24	2	12
	窨井	井内无硬块杂物、积泥深度不超过：落底井管底以下 5cm 不落底不超过管底 1/5 管径	12	3	4
	井壁	井壁清洁，四壁无老膏	3	3	1
	盖框	盖框平稳不动摇，缺角不见水盖框之间高低差不大于 2cm	6	3	2
	连管	保持畅通，积泥深度不超过 1/5 管径	20	5	4
	雨水口	积泥不超过：落底雨水口管底以下 5cm 平底雨水口管底以上 5cm	25	5	5
		盖座及侧向格栅完好	19	5	2

类别	检查项目	检查要求	本项总分	检查数量	单项扣分
污水管	管道	管道畅通，积泥深度不超过 1/5 管径	60	3	20
	窨井	井内无硬块杂物	20	4	5
		四壁清洁无老膏	8	4	2
		盖框平稳不动摇，缺角不见水盖框之间高低差不大于2cm	12	4	3

2.1.4 来自其他工程影响的检查

城市建设几乎都要涉及地下，造房子、修地铁、埋新管和建人防等建设项目在施工过程中都会影响地下已有的管线或设施，排水管道也不例外。由于原有的地下空间资料不全，加之施工单位缺乏有力的措施保护好已有管线等设施，损坏既有管道的事件时有发生。

1. 产生损坏主要原因

外力施加传导到管体造成损伤，主要有下列原因引起：

（1）土体挤压导致管道破坏

打桩、压桩、顶管等施工会对周围土体产生挤压，尤其距施工区域较近，材质不好且管道老化严重的管道在土体挤压下更容易损坏。

（2）土体变形过大引起管道损坏

基坑开挖、边坡失稳或流砂现象等会引起较大的土体变形，当变形量超过管道或接口变形允许值时，就会发生管道损坏。基坑开挖的范围、管道距基坑开挖面的垂直距离以及管线自身管径对管线的竖向位移值影响较大，管道材料的影响较小。基坑开挖范围越大、垂直距离越近以及管径越大，则管道的竖向位移值越大。此外，狭长形基坑在初始开挖端部范围内管道的竖向位移值最大，从基坑端头到中部，平行于基坑长度方向上管线测点的竖向位移不断减小，基坑中部范围内管线竖向位移值最小。

（3）管道敷设地层的不均匀沉降造成管道损坏

顶管、盾构、井点降水和沉井下沉等施工，均可产生土体不均匀沉降。顶管和盾构施工还可能引起地面隆起。当不均匀沉降或隆起值较大时，可致使管道断裂或接头错位。

（4）管道上部荷载过大

如大型施工机械、车辆、材料、土堆等荷载可能会造成下部管道损坏。

（5）振动动荷载引起管道接头松动

如打桩、振捣用的施工机械产生的振动冲击荷载传至管体上，使管道受损。

2. 施工管理与监测

除了先期对既有管道及设施移位或采取措施保护外，整个施工期间的监测和管理必不可少，其内容有：

（1）理清基础资料。将涉及施工区域的排水管道分为高危、危险、低危三个等级，确定责任人。高危管道的检测每2天不少于1次，危险管道每7天不少于2次，低危管道视实际情况而定。

（2）沉降观测。在可能产生影响管段的地面上设置沉降观测点，观测点间距不大于

6m。一旦地面沉降速率超过 30mm/次、累计变量－30～＋10mm，或管道沉降速率超过 30mm/天，累计－30～＋10mm，将采取不间断监测措施，连续传报监测数据，并做好采取补救措施的准备，组织技术施工人员对现场情况进行分析，制定对策。对于连续沉降降幅有逐步增大趋势的情况，必须立即停止施工，查明原因后方可复工。

（3）全过程 CCTV 检测。排水管道权属部门在工程开工前，一般委托专业检测结构对管道进行检测，获取管道内部的视频图像，编制评估报告，然后将全部资料拷贝送达施工单位。在工程施工完工结束后，施工单位也要以同样方式检测一遍，出具检测报告。施工过程中，排水管理部门可根据情况不定期抽检，利用 CCTV、QV 等设备现场取证，查处泥浆乱排、排水设施损坏和排水运行不畅等问题。当地面沉降明显超限时，为防止排水管道结构损坏，应及时对沉降位置地下的排水管道进行 CCTV 检测。

（4）加强信息沟通，建立完善和高效的工作机制。工程施工是个动态过程，施工区域的排水管道一般在施工期间的日常养护由施工单位负责，管道权属单位保持好和施工单位的经常性沟通，确保排水管道在施工期间的畅通和结构完好。

2.1.5 专业调查

运行中的排水系统往往会暴露很多问题，如河道黑臭、污水浓度异常、城市内涝产生等，基本消除这些现象的首要工作就是利用一切检测手段进行专业调查，主要有：

（1）雨污混接调查：主要针对分流制地区的雨水系统，找出污水接入的位置；

（2）外来水调查：针对合流制管网或分流制污水系统，找出地下水渗入、雨水和自然水体入流等所处的位置及水量；

（3）排水口调查：检查接入江、河、湖、海等自然水体排水口实际水流状况，排查出异常情况，为陆地排水管道检测提供指引。它是调查工作的开始，也是考评整治效果必不可少的手段；

（4）污染源调查：查找雨水系统中的污染源或混接源，并进行定位。它往往是雨污混接调查工作中的一部分。

2.2 检测方法分类和选择

2.2.1 分类

检测方法多种多样，根据检测的方式方法，可分成四大类：

（1）人工观测法：专业技术人员通过肉眼直接观察，潜水专业人员通过四肢触摸，辅以必要的量测，获取排水管道、检查井内部以及地面上的状况和相应数据。具体方法有：地面巡视、开井调查、人员进入管道检查、潜水员下井或进入管道检查。

（2）简易器具法：利用简单工具来协助专业技术人员查看或检查排水管道。具体借助的工具有：反光镜、通沟牛、量泥斗、激光笔等。

（3）仪器测定法：利用特定仪器检测排水管道。这些仪器包括：CCTV（电视）、声呐、QV（潜望镜）、排水管道测漏仪等。

（4）试验验证法：采取物理或化学的方法进行试验，而获得某种特定需求的验证。主要有：闭水试验、闭气试验、烟雾试验、染色试验、坡降试验、COD 测定等。

这四类方法在实际检测中综合使用，互为补充，只要事实清楚，数据可靠，都可作为评估的依据。当一种方法能准确确认管道缺陷等状况时，无须再用其他方法重复验证。当一种方法不能完全确认时，应该换一种方法再检测确认，直至将问题搞清楚。

2.2.2 检测方法的适应性

检测目的明确后，本着便捷、可靠和经济的原则，定性检测和定量检测相结合，合理选择相适应的检测方法。具体可参见图 2-2。

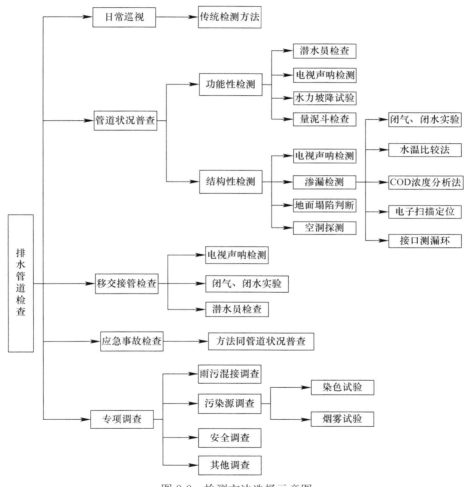

图 2-2 检测方法选择示意图

2.2.3 管径大小的适应性

由于中小型管渠的管径小于 800mm，人员是不能进入的，这种规格的管道检测均要使用仪器或简单工具。对于人员能进入的管道，也要尽量避免人员下井进入管道，根据管道所具备条件选用仪器检测。表 2-4 中列举了部分检测方法与各种管径以及附属物的对应关系。

检查方法	中小型管渠	大型以上管渠	倒虹管	检查井
人员进入检查	—	√	—	部分√
反光镜检查	√	部分√	—	√
电视检测	√	√	部分√	—
声呐检测	√	√	√	部分√
潜水员检查	—	√	√	√
水力坡降试验	√	√	√	—

2.3 缺陷种类

缺陷的本意指欠缺或不够完备的地方。产品缺陷是指存在于产品的设计、原材料和零部件、制造装配或说明指示等方面的，未能满足消费或使用产品所必须合理安全要求的情形。是指产品存在危及人身、他人财产安全的不合理的危险。不合理的危险是指产品存在明显或者潜在的以及被社会普遍公认不应当具有的危险。质量缺陷是指产品质量未满足与预期或规定用途有关的要求。在排水检测行业，把由于设计、施工、管体寿命、管材质量以及运行维护不当或不到位等人为或自然因素所引发的影响管渠正常运行的不符合国家或地方相关标准欠缺之处，统称为排水管渠缺陷，俗称"病害"或"毛病"。一般分为三类，即结构性缺陷、功能性缺陷和其他缺陷。从表象看，缺陷有点状、线状、带状和面状之分，它预示着缺陷所覆盖的规模。

2.3.1 结构性缺陷

结构性缺陷（Structural Defect）是指管道或检查井等结构本体遭受损伤，影响强度、刚度和使用寿命的缺陷，一般有下列 9 种。结构性缺陷一般只有通过替换新管或修理旧管等工程措施予以消除。

1. 渗漏

管道渗漏是指管道或检查井的内外水体在不严密处产生向外或向内渗出或流出。管道外面的水渗进来，称为内渗漏，反之，称之外渗漏。一般来说，渗漏通常会发生在管道接口、检查井、管道与检查井壁连接处、管道破损处等位置（图 2-3），通常伴随有破裂、错口、脱节和密封胶圈脱落等问题缺陷。已经覆土的管道，外渗漏比较难以确认。内渗漏在地下水侵入时比较容易发现。在我国南方地区，检查井以及井壁与管道接口渗漏问题尤为突出。

2. 腐蚀

腐蚀指物质与环境相互作用而失去它原有的性质的变化，表现为腐烂、消失、侵蚀（图 2-4）。埋地管道在土壤中的腐蚀，受众多因素的影响。这些影响因素包括含水量、含盐量、电阻率、pH 值、土壤氧化还原电位、金属腐蚀电位、硫酸盐还原菌等，它们或单独起作用，或几种因素联合起作用。排水管道以及附属设施内壁同时又受到污水腐蚀和磨损，来自污泥的硫化氢气体也腐蚀水面以上的管壁部分。

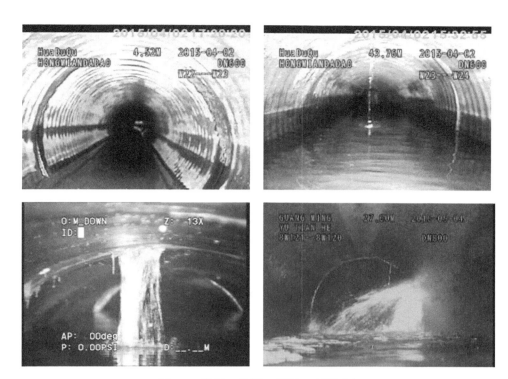

图 2-3　滴漏、线漏、涌漏、喷漏图片

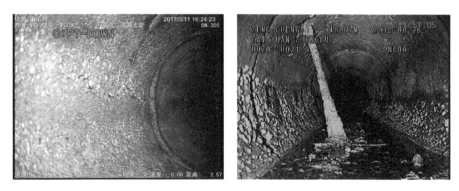

图 2-4　不同腐蚀程度图片

3. 破裂

管道和检查井其结构的承受力不足以支撑外部的压力，管材或井体结构等附属设施就要出现裂纹、裂缝、裂口等现象（图 2-5），不及时支扶，极有可能产生崩塌。管材老化、管材质量、管体支撑、外力施压等都是引起破裂的诱因。

4. 变形

如图 2-6 所示，管道变形是指柔性管道在外部压力的作用下，致使管道失去原有的形状并达到或超过相关规范规定的变形允许值。变形到一定程度就会产生管道破裂和路面塌陷。柔性管道在覆土达到或超过设计的高程后，一般都会产生变形，关键看是否超过允许范围，新管允许范围小，旧管允许范围大。

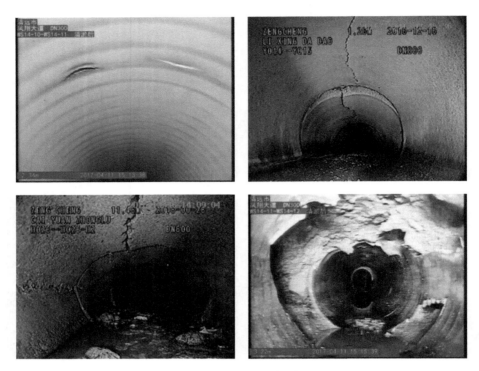

图 2-5　裂纹、裂口、破碎、坍塌图片

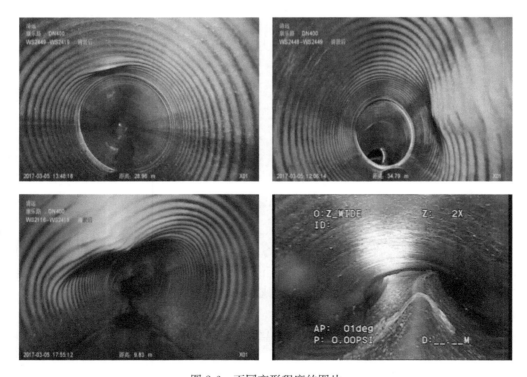

图 2-6　不同变形程度的图片

5. 错口

管道周围土体的流失，管道内外应力的变化，都有可能造成管体的不均匀沉降，两段管道接口处往往是抗剪力薄弱点，错口在所难免（图 2-7）。错口均发生在接口处，多数都沿着垂直方向错开，尤其在平接形式的接口处最易发生这种病害。管道接口处一旦错开，就会减小过水断面的面积，错开距离越大，过水能力就越小。错口是非常严重的病害，处理起来难度较大。

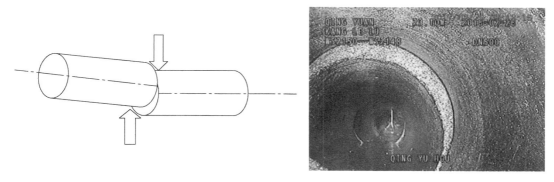

图 2-7 错口示意图和内窥图片

6. 脱节

城市地下复杂地质条件、流塑状淤泥地质、非开挖顶管顶进施工时标高控制不力、管道周围土体扰动是造成管道脱节的主要原因。脱节均发生在接口处（图 2-8），脱节不同于错位，管道的中轴线没有发生偏移，不影响过水断面，如果在接口处没有沙土的侵入，也不减小过水能力。脱节处若没有漏水现象，问题较小。若有漏水，则问题较重，必须立即止漏。

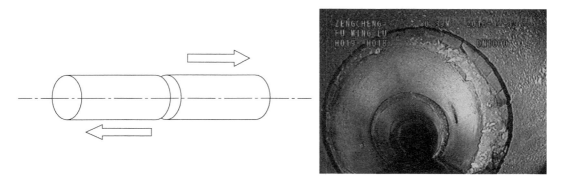

图 2-8 脱节示意图和实际图片

7. 接口密封材料脱落

排水管道接口有承插式、企口式和平口式等。为保证管道的严密，管段之间的接口缝隙处必须充填密封材料（表 2-5）。密封材料的脱落（图 2-9）主要由密封材料老化和管体扰动两方面因素引起的，它的生成会导致渗漏、错口和脱节等病害，有时这些病害会互为作用。在所有密封材料中，柔性材料具有非常大的优势，它具有不易脱落以及管体不易破裂的特点。

各种接口密封材料 表 2-5

柔性接口	刚性接口	半柔半刚性接口
石棉沥青卷材接口、橡胶圈	水泥砂浆抹带、钢丝网水泥砂浆抹带	预制套环石棉水泥

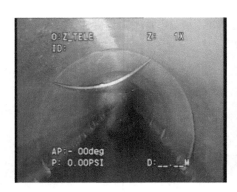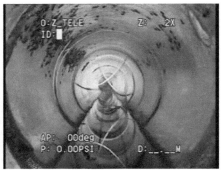

图 2-9 橡胶圈脱落图片

在柔性材料中，橡胶圈作为密封材料是当今主流。管道的设计使用寿命一般在 50 年以上，管材及接口密封胶圈是构成管道的主要材料，管材的使用寿命大家普遍比较关注，但接口密封材料胶圈使用寿命却经常被疏忽。"千里之堤，毁于蚁穴"，占工程总造价不到 0.2% 的胶圈，如不加以注意，将会变成管线漏水的主要因素。胶圈的使用寿命主要取决于它的抗老化性能，普通胶圈会因水力推力或地基不良引起接口脱离。目前有的公司推出了一种全新的接口形式——止脱胶圈，其具有密封与止脱的双重功能，作用在于代替以抵消水力推力的混凝土支墩，或者是地基不良引起的接口脱离。

8. 异物穿入

中华人民共和国《城镇排水与污水处理条例》第四十二条明确规定：禁止穿凿、堵塞城镇排水与污水处理设施。

在城市所有埋地管线中，由于排水管线绝大多数是靠水的重力自流排出（俗称重力流），需要一定的坡度，所以，排水管道一般优先规划，其他的管线（如上水、燃气、电讯、电力等）要为其让位，并且保持一定距离（表 2-6）。现实中有很多这类管线或设施不采取避让或跨越等措施，穿凿排水管道，造成管体破损（图 2-10）。

排水管道和其他地下管线（构筑物）的最小净距 表 2-6

名称			水平净距（m）	垂直净距（m）
建筑物				
给水管	d≤200mm		1.0	0.4
	d>200mm		1.5	
排水管				0.15
再生水管			0.5	0.4
燃气管	低压	P≤0.05MPa	1.0	0.15
	中压	0.05MPa<P≤0.4MPa	1.2	0.15
	高压	0.4MPa<P≤0.8MPa	1.5	0.15
		0.8MPa<P≤1.6MPa	2.0	0.15

名称		水平净距（m）	垂直净距（m）
热力管线		1.5	0.15
电力管线		0.5	0.5
电信管线		1.0	直埋 0.5
			管块 0.15
乔木		1.5	
地上柱杆	通讯照明及＜10kV	0.5	
	高压铁塔基础边	1.5	
道路侧石边缘		1.5	
铁路钢轨（或坡脚）		5.0	轨底 1.2
电车（轨底）		2.0	1.0
架空管架基础		2.0	
油管		1.5	0.25
压缩空气管		1.5	0.15
氧气管		1.5	0.25
乙炔管		1.5	0.25
电车电缆			0.5
明渠管底			0.5
涵洞基础底			0.15

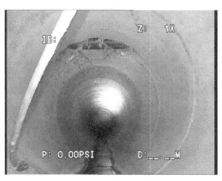

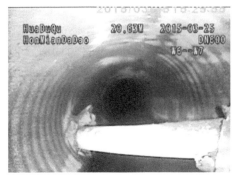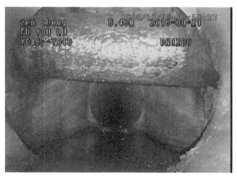

图 2-10 异物穿入图片

不明物体穿入排水管道也常有发生。开槽埋管回填时，坚硬建筑废料压穿进入管道。桩基施工时，水泥桩穿越管道而立。这些现象不仅破坏了排水管道的物理结构，同时影响排水功能，更有甚者，中断了排水。

9. 支管暗接

同世界上很多国家不同，在我国排水管道检查井的设置根据不同管径有最大间距的限制，三通或多通处也必须设施检查井，这就意味着任何管段之间的连接必须在检查井处，如果没有通过检查井而直接相连（俗称：暗接），是不允许的。这种情形多数是未经城市排水管理部门审批而私自接入，具有很高的隐蔽性。在主管上开洞，对管体造成了破坏，若处理不当就会引发主管结构性灾难。支管未完全接入主管（图 2-11），接口处周边沙土就要流失。接入深入主管内较多（图 2-12、图 2-13），影响水流，容易形成淤积点，妨碍养护作业。

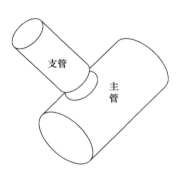
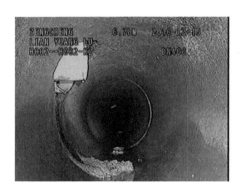

图 2-11　支管未接入示意图　　图 2-12　支管接入过多示意图　　图 2-13　支管接入图片

2.3.2　功能性缺陷

排水管道功能性缺陷（Functional Defect）是指管道非结构缺陷引起的过水断面发生变化，削弱畅通能力且满足不了规范要求的不足之处。通水后的管道不可能像新管一样，具有百分之百的过水能力，一定的沉积和结垢等现象是必然的，特别是污水或合流管道，也是允许的，不可称之为存在缺陷。只有当过水能力减少量超过一定限度时，才被认为存在缺陷。消除这类缺陷一般通过疏通清洗养护的办法予以解决。功能性缺陷主要有下列5 种：

1. 沉积

污水或雨水中各类固体杂质，在水流静止或流速很慢（一般达不到 0.5m/s）时，肯定会在管道底部形成沉淀（图 2-14），不会随着水体流动，这是排水管道固有特征，小于管径 1/5 的沉积深度是允许的。一般来讲，排水管道坡度与沉积深度成反比，坡度越大沉积会越少，反之则越大。地势平坦的城市容易沉积，如上海、武汉、成都等。地形比高较大的城市沉积现象相对较少，最典型的如山城重庆市。

除自然因素外，人为造成沉积是我国最普遍现象。城市生活的固体垃圾，如餐饮的残羹剩菜、路面降尘、洗车店的泥沙等，未经隔离过滤，通过不同的路径直接排入。建筑施工工地伴随有混凝土的泥浆大量排入管道也会容易在管底结块硬化，但这一现象大都发生在局部。沉积深度在同一管段里一般变化不大，软性泥沙型沉淀易处理，硬性板结型比较难处理。

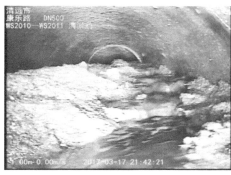

图 2-14 沉积图片

2. 结垢

如图 2-15 所示，结垢不同于沉积，成片的无机物或有机物黏附在管壁四周，造成管

图 2-15 不同程度的结垢图片

道口径的减小。铸铁、混凝土和钢筋混凝土等表面粗糙度高的管道容易结垢，化学管材相对好些。结垢主要发生在管内水位线以上，它是长期积存结果，植物油脂、动物油脂、粪便等黏稠物流进管道，粘在管道内壁上，形成软质性的垢体。头发丝、破布条、装修残渣、铁细菌、微生物繁殖等共同的作用也会在管道内壁上生成较硬的垢体。随着垢体的不断增厚，致使流通不畅或堵塞加重，发过来又加重了结垢。清通手段落后也是结垢的重要原因之一，传统的解决堵塞问题的方法是竹片（钢片）和疏通机疏通，管壁得不到清洗，它只能解决污水"流通了"，而没有从根本上解决污水"流畅了"，即没有完全恢复原有管道的口径，使其达到最大过水能力。

3. 障碍物

障碍物是排水管道在新建或运行过程中，人为遗留或丢弃的固体物体，如散落的砖头、施工工具、较大型生活物品等（图 2-16），它一般不随水流移动或移动缓慢，对排水有阻滞作用。障碍物和异物穿入或支管暗接有本质区别，前者未破坏管体结构通过清捞很容易解决，而后者必须要采取工程措施。障碍物和漂浮在水面上的固体垃圾（俗称浮渣）也是有区别的，浮渣具有流动性，它一般不影响水流，而障碍物则不然，浮渣一般不被认为是缺陷。

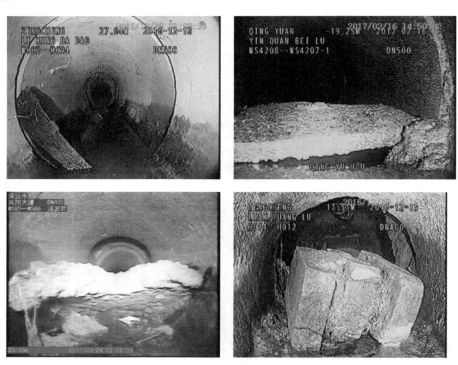

图 2-16　各种障碍物图片

4. 残墙坝根

残墙坝根，俗称坝头，它与障碍物的定义不同，通常是指为管道自身检测试验或施工等需要建设的人工构筑体的遗留（图 2-17），如闭水试验和临时封堵等工作结束后，封堵墙体未拆除干净。拆除干净与否，直接影响管道的过水能力。这种缺陷的存在往往表现在上下游水位的异常，流速也明显有减缓。当这些残墙坝根被淹没在水位线以下时，视频检测的方式就很难发现，必须采取其他手段。要拆除它，用一般疏通养护办法很难做到，通常需要人员穿戴特殊装备进入检查井或管道内实施。

图 2-17　残墙坝头图片

5. 树根

如图 2-18 所示，树根成"祸根"，堵塞排水管。城市路两侧的行道树或排水管道周边的树，尤其是榕树、法国梧桐等树种，主干特别粗壮，根系比较发达，根系在地下扩展迅猛，遇到排水管道破裂、密封胶圈脱落等病害时，就会从缝隙处直接渗透进了排水管道，排水管道里的污水又为树根提供了更丰富的营养，长势更迅猛。树根的不断生长除了阻碍水流外，它还会使管道接口密封的破坏性加大，再加上长有树根的地方一般伴有渗漏，最终极有可能造成管道更大的结构性伤害。

图 2-18　树根侵入管道图片

要想永远避免树根的入侵，必须首先利用"通沟牛"或切根器除掉管道内现有的所有树根，然后实施原位固化内衬修复，修复后形成完全密封体，从此，树根极难侵入。

2.3.3 其他缺陷

在多数国家未列入评估的其他类缺陷主要有：

（1）管道中心线不直，成"蛇"型

相邻两检查井之间应为直线，除非遇到如河道、铁路、各种地下设施等障碍物，可采取下凹的曲线方式从障碍物下通过（俗称倒虹管）。排水管道在施工安装阶段或在运行过程中都有可能产生两检查井之间的管道中心线偏离两井之间的中轴线，形成曲线，通常称为"蛇"形。根据偏离中轴线方向的不同，存在水平、垂直、混合三种形式。其中垂直和混合形式出现频率较高，对水流影响较大，垂直和混合形式的"蛇"形有时在视频检测中表现出来的是洼水现象。"蛇"形通常发生在柔性管材，且具有局部的特点。

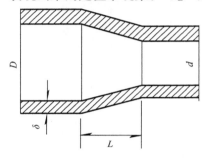

图 2-19 变径示意图

（2）不恰当位置变径

相邻两检查井之间不同口径的管道直接相连接（图 2-19）处称为变径点。按照我国现行规范规定，变径处应设置检查井，即在检查井处，接入管径的差别属正常现象。

（3）倒坡

对重力流管道而言，下游管道一定要低于上游，才能形成自流，这就是常说的顺坡。上游管底高程低于或等于下游管底高程称为倒坡，倒坡会引起水流不按照设计方向流动，形成静止或倒流。施工阶段，测量质量控制不严，水准测量出现错误和误差；支撑管体的土体不均匀沉降。这些都是形成倒坡的原因。解决倒坡的问题往往都要采取开槽，改变埋深来解决。

（4）鸭嘴阀或拍门关闭不严

鸭嘴阀又称止回阀，可以防止洪水及污水倒灌流入排水管道或地下构筑物，避免重大损失，防止水位上升时，洪水倒灌流入污水处理厂、排涝泵站；阻止污水或有异味流体的气味扩散，并可以随时排水；在多雨季节或涨潮时，能阻止城市内河等受纳水体的水从排水管道灌到街道。鸭嘴阀由弹性氯丁橡胶加人造纤维经特殊加工而成，形状类似鸭嘴，故称鸭嘴阀。在内部无压力情况下，鸭嘴出口在本身弹性作用下合拢；随内部压力逐渐增加，鸭嘴出口逐渐增大，保持液体能在高流速下排出。鸭嘴阀按照安装方式分为套接式、镶嵌式、内置式、法兰式、安装板式、灰浆或水泥管道式。

拍门主要安装在排水管道的尾端，它就是安置在江河边排水口的一种单向阀，当江河潮位高于出水管口，且压力大于管内压力时，拍门面板自动关闭，以防江河潮水倒灌进排水管道内。材质分为不锈钢、铸铁、型钢、复合材料等多种材料。按构造，拍门又分为浮箱式，平板式，套筒式等等。

城市中形形色色的垃圾卡在排口、鸭嘴阀橡胶的老化、拍门的锈蚀失灵等都是造成鸭嘴阀或拍门关闭不严的缘由。对这些设施的定期检查，特别在汛期到来之前的逐一检查，及时养护修理，是非常必要的。

（5）溢流截流设施失效

设置有截流设施的溢流排水口，由于截流设施参数的不合理，或截流设施的不正常工作，都会形成不正常的溢流。如旱天常态化溢流，稍有小雨也溢流，频次过多。

2.4 典型缺陷形成机理

排水管渠系统建成后，在使用过程中会经常或间断性的受到物理的、化学的、生物化学的以及生物力的侵蚀。管道的使用寿命取决于以下几点：

（1）管道设计；

（2）管道材料及接口材料；

（3）施工建设质量；

（4）维护和保养质量；

（5）管道类型和运行持续时间；

（6）外部影响作用，如管道的上方是交通繁华地带，车辆行人通过会对管道产生动荷载作用，这些作用都会导致管道过早的损耗，而达不到预期的使用寿命。

通常来讲，排水管道的使用年限都比较长，一般 30～50 年。在整个管网系统建成以后，在其正常运行的过程中，其中的部件会发生损耗，管道整体状况会发生恶化。如管道密封接头等部件的材料提前耗损，也可以提前破坏管体，而影响整个管网系统的寿命。

排水管道破坏主要有以下两方面引起：

（1）超过了设计的管道寿命，管道超期运行；

（2）管内和管外所受的各种应力作用。

此外，安装过程中由于材料选择不当以及人的主观因素影响给管道造成的初始隐患也会在使用过程中逐渐发展，结果加快管道的失效过程。

引起管道损耗和损坏的应力有许多种，在特定的情况下，完全不同的原因可以导致管道中相同的破坏状况。管道破坏可能发生在局部范围内，也可能扩散到本管段甚至是整个管网系统。

管道破损的相关知识、表现形式、破坏原因及其造成的后果对正确地计划和实施管道维护和修复起着非常重要的作用，特别是对修复和更新选择合适的处理方法，更有重大意义。

管道渗漏、管道堵塞、管道错位、管道腐蚀、管道破裂、管道坍塌是常见的典型缺陷。由于管道的破坏形式非常多，因此，要结合实际，具体分析发生破坏的原因，在细节上周全考虑，综合评估与分析。

2.4.1 渗漏的形成

渗漏有建设期就存在的渗漏和运行期产生的渗漏。未遵循相关的规程和标准、管道设计不合理、管道材料和管道部件使用不当、敷设施工马虎都属于前者。管材或配套材料老化以及其他外力的破坏都属后者。

我国 20 世纪八九十年代，受当时技术条件的影响，管道材料和附件的选择主要考虑管道在使用过程中所受到的应力和管道的实际使用状况，直至现在，该评定标准仍然没有改变。以密封材料为例，如早期的管道铺设使用的材料如黏土、水泥砂浆以及沥青和密封圈已经不能满足现在的工程要求，如果不及时更换，则管道密封即有可能失效，最终导致泄漏。

在现代管道施工中，即使选用技术含量较高的材料和管道部件，管道泄漏也不可避免，其原因可能是材料选择错误，施工方法不当以及运行中出现的问题。

1. 管材及附件不合适

选择并采用了不合适的管材及其附件是使管道漏水的先天因素，主要体现在以下方面：

（1）没有考虑到或错误地估计了管道内部和外部所受的应力以及在使用过程中应力的变化；

（2）管道材料和管道部件安装固定之后两者间发生化学反应，即两者材料不匹配，例如安装人造橡胶密封环使用了不恰当的润滑剂；

（3）密封介质中挥发性材料的流失，或者黏合物流失到管内以及管线周边的土壤中；

（4）使用了不稳定的密封材料；

（5）为了获得较好的可塑性并易于安装，使用了过软的密封元件；

（6）使用了尺寸不当的人工橡胶密封垫圈，由此在密封处产生了过大或者过小的反作用力；

（7）使用了配合公差过大的管接头；

（8）使用了没有完全硬化的混凝土管或钢筋混凝土管。

2. 缺陷管材

有问题的管材被采用，主要表现在以下方面：

（1）混凝土管在制作时混凝土上发生了分层离析且未完全压实；

（2）钢筋混凝土和素混凝土管材产生了超过正常允许范围的收缩变形，最后产生裂纹；

（3）在钢筋混凝土管中，混凝土和钢筋没有充分的联结在一起；

（4）受制作过程的影响，管道存在很高的未被检测出来的内应力；

（5）管道的尺寸公差不合要求；

（6）在管道（浇注管、钢管、塑料管）或橡胶密封垫圈内有因为收缩而产生的空穴；

（7）管道在安装、存放和运输过程中发生了损坏。

3. 管道施工质量

在管道渗漏发生的很多原因中，施工过程中没有严格地执行应该遵守的规范和技术标准是最普遍的。在安装过程中，管道与管道、管道与检查井接口的处理不到位，密封不严实都会从一开始就埋下了祸根。

4. 其他破坏

管道是有生命周期的，随着时间的推移，运行中的管道必然会遭受各种各样的侵蚀和损坏，以下几种情况通常也会引起管道渗漏：

（1）管位偏移，如错口、脱节等；

（2）机械磨损，如水流中含沙较多；

（3）管道腐蚀；

（4）管道变形；

（5）管壁裂纹、管道破裂、管道垮塌。

2.4.2 阻塞的形成

管道阻塞即固体物或其他材料堆积在管道的横断面内，使得管道内流体的流动不能顺畅进行，必须绕过或通过阻碍物才能继续流动。严格来说，管道的一些部件如变径接头、节流阀以及管压阀片产生的阻流作用不看作管流阻塞，因为以上作用不会导致管道发生破坏。以下是常见的一些管道阻塞情况。

（1）坚硬的沉积物；

（2）管壁结垢；

（3）管内凸出的阻塞物；

（4）管内进入树根。

管道阻塞产生的原因有多种，管道的设计和施工没有严格执行相关规范和技术标准，如坡度设计不合理，施工方法不当，使用前没有对管道进行彻底的清洗等。在使用过程中，沉淀物凸出增长，管内有容易胶结的物质，树根侵入，管道内渗漏也都是阻塞的诱因。

管道阻塞块会影响管道的正常运行，主要产生以下不利影响：

（1）水力性能降低，过流能力减少，减少了管道的正常的使用体积；

（2）在强降雨时，由于管道阻塞，雨水溢出的同时，沉积物随之带出，污染了地表；

（3）阻塞会形成沉积物，长期沉积会转化成厌氧性的污垢并产生臭气和其他有害气体。在微生物作用引起的硫酸腐蚀作用下，管道破坏会加剧，水泥管壁会产生破裂；

（4）增加了管道维护费用。

1. 沉积物

管内的沉积物主要是指在重力作用下沉淀下来的物质。如果沉积物不定期清理，则随着时间的增长以及自身的特殊结构，沉积物会或多或少地在某处固定、结块。在排水管道中，以下几种流体可能产生沉积物：

（1）生活污水和工业废水；

（2）表层水；

（3）渗入管道内的地下水。

以上流体中都含有截然不同的可以导致沉积产生的物质。只有当管内流体的流速低于特定速度时，固体颗粒才会发生沉积。其中，还取决于管道直径、管道充满程度、管道运行环境的恶劣程度、流体携带的矿物质颗粒的平均直径和管道的坡度等因素。

从另一方面来说，大量的土体颗粒和其他材料进入了下水管道，要么被水流推动一直向管道下游运动，要么就停留在一个位置。一般情况下，若管道内某处有阻塞物沉积，则其后极有可能有大片的沉积区域。该问题的主要原因为：

（1）管道内部不平滑。例如管道生锈、腐蚀、磨损，管接头部位被挤出的密封垫圈，管道高低不平；

（2）管内脱落下来的各种碎片，如污水管片以及管道接缝处的砂浆块；

（3）从检查井内掉落的各种物件及材料；

（4）管道周边施工场所的混凝土块、砂浆和水泥等进入了管道。

2. 凸出的阻流块

非排水管道的物体通过破坏排水管体结构而进入管道或检查井内部空间，形成凸出阻流块。这些异物包括：杆件、钻孔、建筑废料、支管和其他管线等。除阻流块本体减少过水断面外，阻流块所阻挡住的固体垃圾物又会产生更大规模的阻流块。有时一段主管道内会有多个地方存在异物突出，但以上游第一处的突出物影响最大。阻流块所处环向位置不同，对水流的影响大小也不同，一般情况下，阻流块位于管道中心水平面下方对水流影响较大。

城市市政排水管网经常存在私自接入的现象，各种私有污水管或雨水管会连接入城市公共管道，这些大都是非专业的人员安装，若安装过程不规范，则可能会发生一定程度的支管凸起，最后成为管线中的阻流块。管线连接不当或连接管未固定好，在回填管道时产生的影响以及交通和地面各种运动产生的动载荷等作用，导致支管在建好后缓慢地滑入主管，形成了阻流块。该种形式的破坏很常见，特别是在市中心区。由于很长时间无法发现并对其实施有效治理，随着阻流块像"滚雪球"似得越滚越大，使排水管道几乎断流时，才去查找发现。直接连入管道的比直接连入检查井的危害大。

其他管线沿垂直于排水管道方向穿过的现象也极为普遍，这些管线的权属单位往往不愿更改自己的设计或施工方案，以改变埋深或跨越等形式来避免和排水管道的"碰撞"，在不经过排水管理部门许可的前提下，私自敷设。

3. 管内树根

树根生长进入排水管道的现象非常普遍，它是阻塞管道常见病害。在下水管线系统中，当管线的高程长期或有部分时间位于地下水以上时，树根现象就会发生。此外，在某些情况下，土体中的水分被管线上方的树根和灌木丛吸收，故管线所处的土体中含水量较少，非常适宜植物生长，也会产生树根现象。

以榕树为例，其生命力很强，根系十分发达，是板状根，以抵抗风或重力引起的应力。而它的气生根可以在空气中生长，这些气生根一旦接触到土壤，又可以独立成长成树，条件允许的话，可以无限地生长。一般来说，树木的树冠有多大，其地下的根系也有相应的规模。在我国闽粤一带，规模巨大的根系无时无刻不在破坏着路面和地下管道等市政设施，使其不能正常运行。

在 20 世纪 50 年代，管线防护树根侵入就得到相当的发展，并且在当时形成了技术标准。如使用有防护性能的管道材料，密封介质以及密封圈，同时在连接处使用一体式管接头，即使如此，管道渗漏会导致管周的土壤湿度很不均匀，在这种情况下，有向水性的植物微小根系就会受到刺激，而趋向于朝湿度大的地方生长。这种根系非常小，可以通过管壁微小的裂缝、小孔以及渗漏处最终到达管内，逐渐长粗长长，会延续数米，最终将管道完全阻塞。树根在生长过程中，还会导致管位偏移和管壁破裂。

2.4.3 管位偏移

在敷设新管时，与设计的位置存在偏差或不符，属于监理或验收环节要控制的。这种偏移只要符合规范和设计要求，并且最终质量符合《给水排水管道工程施工及验收规范》

GB 50268—2008，是被允许的。具体的偏差种类和偏差值都会有详细的说明，具体来讲包括由于温度变化，材料发生热胀冷缩引起的纵向偏移。由于重力作用而产生的垂直方向（垂直于管道轴向）的偏移。管道在使用过程中，只要不超过检测和养护的相关规程，该偏移就为正常偏移，不会影响管道的正常使用和维护。管位偏移超过一定的限度，就会影响到排水功能。相邻检查井之间的管段整体偏移发生的概率非常小，往往只发生在个别管节上，常表现在两管节接口处。偏移的方向有以下四种（图 2-20）：

（1）竖向偏移：沿重力方向上下偏移，发生现象极为常见；

（2）横向偏移：沿水平方向左右偏移，这种比较罕见；

（3）纵向偏移：沿管道中心线方向偏移，这种现象较常见；

（4）复合向偏移：多向综合偏移，这种现象常见。

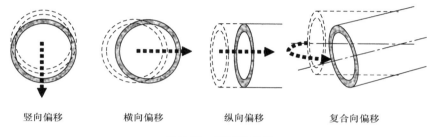

竖向偏移　　　　横向偏移　　　　纵向偏移　　　　复合向偏移

图 2-20　偏移示意图

引起管道偏移的原因多种多样，通常有以下几种：

（1）管道设计不合理，施工方式不当，质量控制不严

在诸如流沙、粉砂和淤泥质等土质区域，设计采取顶管等非开挖工法，完全没有管道基础。开槽埋管方式的用于支护管道的土、沙、煤屑、混凝土以及钢筋混凝土等基础未做或偷工减料。

（2）管道周围水文地质条件的改变

强降雨、涨落潮、河床水涨落等都有可能牵动地下水位变化以及地下水的流动，流动性好的泥沙土也随着地下水的流动而成运动状态。运动中的冲击力必然要传递给管体，久而久之，会推动管体移位。

（3）地面荷载的变化和波动

城市中超重的车辆、红绿灯路口急停的车辆、地面上堆积的重物等都会引起地面荷载变化，这些变化会通过管道上方的土体传导给管体，来强迫管道移位。

（4）地下工程施工

城市地下空间已十分拥挤，地下管线、地铁、人防工程和楼房基坑等建（构）筑物在新建过程中，如开挖、打桩、注浆或盾构等，都极可能让已有的排水管道移位。复合方向的移位多半是由于此原因引起的。

（5）管道自然沉降

不考虑上述因素，管道长期满负荷运行，其自身重量也极有可能引起管道缓慢下沉。这种形式的下沉一般具有系统性，对管道的结构破坏较小，也不太容易发现。

（6）地震引起的移位

地震是地壳快速释放能量过程中造成的震动，期间会产生地震波。在地球的表面，地震会使地面发生震动，有时则会发生地面移动，必然带动地上和地下的建（构）筑物移动。近些年，为了尽量减少地震对管道结构的破坏，有些地震多发的国家，地下管道采用柔性管材或接口。

（7）管道渗漏

管道的支护基础被漏水冲刷破坏，尤其是流动性的沙土，当流失的土体不足以支撑管体时，移位或破裂就在所难免了。渗漏引起的移位通常沿垂直方向。

在管道移位中，管节接口处的错位，俗称错口，是排水管道运行中较为严重的问题，不同的偏移方式会产生不同的使用影响。偏移产生的后果取决于：管道的类型、管道主体结构（柔性结构还是非柔性结构）和管接头的类型（刚性、半刚性、柔性）等。受管位偏移及其发展趋势的影响，常见的破坏后果有：管接头开裂、破损、逆坡、管道泄漏、管道破裂。

2.4.4 机械磨损

机械磨损是指两相互接触产生相对运动的摩擦表面之间的摩擦将产生阻止机件运动的摩擦阻力，引起机械能量的消耗并转化而放出热量，使机械产生磨损。在管网系统中，机械磨损即管壁受到其他物质，如管道与砂土等固体颗粒、流体介质以及气体，产生相对摩擦，造成管壁材料的脱落，这种现象称为管道机械磨损。磨损常发生在过水的管道内壁。管道内底由于长期受到冲刷作用，故为磨损发生的主要区域。

机械磨损直接造成管道内壁表面的材料脱落，减少了管壁的厚度，降低了管道的承压强度和水密性，危及管道安全。与此同时，增加了管壁内表面的粗糙度，直接降低了管道的水力效力，降低了过水能力。

1. 冲刷磨损

无论是雨水，还是污水，在排水过程中，水中必然含有砂粒、小砾石、织物等固体物质，水作为载体会带着这些固体物质移动，在移动过程中，就会和管壁产生摩擦，从而消磨管体材料。磨损是管道、水流和颗粒物共同作用的结果，它是排水管道运行过程中的自然现象，其被磨损的程度和速度取决于：

（1）管道内壁材料的耐磨性能：不同材质耐磨能力有差异。随着管龄的增加，耐磨性能也会下降；

（2）水流的速度：水流速度决定了冲刷速度，速度越大，磨损就越快；

（3）水的含固体颗粒量：含量越高，磨损程度就越高；

（4）水里颗粒物的类型和大小：越硬越大颗粒磨损越高；

（5）颗粒物冲刷管壁时冲击的角度：管道走向不直，折角角度（弧度）越小，磨损就越大；

（6）管道变径和变形：无论是变形，还是变径，都会改变水流状态，极可能从多方位与管壁摩擦；

（7）水流的类型：当流速很小时，流体分层流动，互不混合，称为层流，也称为稳流或片流。当流速增加到很大时，流线不再清楚可辨，流场中有许多小漩涡，层流被破坏，相邻流层间不但有滑动，还有混合。这时的流体作不规则运动，有垂直于流管轴线方向的分速度产生，这种运动称为湍流，又称为乱流、扰流或紊流。层流一般比较稳定，磨损的位置也比较固定。而湍流则不然，磨损常常是整个管壁面；

（8）含砂粒的水的温度。

2. 空穴气蚀

当水流以较高的速度通过管道时，管壁上处于过水面上的任何的不平滑（如管壁上因磨损产生的小坑）的地方都会引起该处水压力的变化，当该压力降低到水的气化压力以下时，就会形成水蒸气泡。而在该低压区之后很近的管壁处，先前形成的气泡会聚集、破裂，之后向内炸开。在这个过程中，气泡的爆炸产生的极高流速的微流体喷射作用在该区域的冲击力非常大，当击打在管壁的表面时，会产生点状腐蚀，同时也会导致管壁表面其他空穴的产生以及水压力的降低。

空穴气蚀的形成取决于水流的速度、过水断面的几何形状和材料的性能三个方面。管道空穴腐蚀的程度与管壁抗压强度、管道的弯曲强度、管道的弹性模量和填充材料和黏结剂（基料）之间的粘聚性等有关。当过水量增加、表面比较粗糙、脆性较大时，空穴腐蚀的破坏程度会加重。排水管网系统中，易发生气蚀位置有：

（1）检查井的垂直表面；

（2）边缘不光滑的部件；

（3）管道扰曲的部分；

（4）水流速度较高的管段。

3. 水侵蚀

"水滴石穿"效应同样可以发生在排水管渠上，管道中的水即使不含沙粒，在流动时也会对排水管道产生一种动冲击，长期作用下，肯定会侵蚀掉管体内壁材料，其破坏作用仅次于携带砂粒的水对管道的磨损作用。

2.4.5 管道腐蚀

腐蚀可以理解为材料在其所处的环境中发生的一种化学反应，该反应会造成管道材料的流失并导致管线部件甚至整个管线系统失效。在管网系统中，腐蚀的定义为：基于特定的管线环境，在管网系统所有的金属和非金属材料中发生的化学反应、电化学反应和微生物的侵蚀，该反应可以导致管线结构和其他材料的损坏和流失。除了腐蚀作用对材料的直接破坏外，有腐蚀产物所引起的管道损坏也可以视为腐蚀破坏。管道腐蚀是否会扩散，扩散范围有多大主要取决于腐蚀介质的侵蚀力以及现有管道材料的耐腐蚀性能。温度、腐蚀介质的浓度以及应力状况都会影响管道腐蚀的程度。实践证明，在管网系统中使用以下材料易发生腐蚀：

（1）含水泥的材料（混凝土、石棉水泥、水泥纤维、水泥砂浆）；

（2）金属材料（钢铁、铸铁）。

1. 种类及表现形式

管道的腐蚀种类和具体的表现形式比较复杂，管道本体未受到外应力的破坏，只是单纯的腐蚀，叫作无机械应力的腐蚀。反之，则称有机械应力的腐蚀，具体表现形式如下。

（1）无机械应力的管道腐蚀（表 2-7）

无机械应力的管道腐蚀一览表　　　　　　　　　　表 2-7

种类	表现形式
均匀腐蚀	管道表面的材料脱落速率一致
槽状腐蚀	管道局部的腐蚀速率不一致，材料脱落的速率也就不同
孔状腐蚀	管壁被蚀穿，有各种形状如弧坑状以及不规则小坑
裂纹腐蚀	在管壁裂纹中，腐蚀速度有增加的趋势
接触腐蚀	电化学腐蚀

（2）有机械应力的管道腐蚀（见表 2-8）

有机械应力的管道腐蚀一览表　　　　　　　　　　表 2-8

种类	表现形式
裂纹腐蚀	会形成不可变形的裂纹，而且现场无法发现腐蚀产物
螺纹腐蚀	螺旋状裂纹腐蚀，形成不可变形的裂纹
侵蚀腐蚀	机械力表面磨损和防腐蚀涂层损坏引起的管道腐蚀共同作用的结果

2. 产生腐蚀的原因

（1）材料不相容造成的腐蚀

这种类型的腐蚀主要由以下材料的化学性质不相容引起：

1）管材和填料；

2）管道部件、管材与管线所使用的新材料或密封垫圈。

以上腐蚀仅发生于管道接头部位或管道连接到其他设施的过渡区。材料不相容引起的腐蚀极易导致管道泄漏和管道承压强度的降低。从工程中得出的经验来看，PVC-U 的管材和管中使用的密封环之间的交互作用较为严重，高弹性塑料、芳香族软化剂以及其中的混合成分，对 PVC 管造成的腐蚀作用很大。

（2）含水泥的材料制成管道的外部腐蚀

水泥材料制成的管道，其腐蚀程度可分为外壁腐蚀和内壁腐蚀两种。在管道的局部区域中，两种形式的缺陷都可能发生，之后腐蚀可以扩散到本管段的其他部分甚至整条排水管道。

水泥类材料制成的管道发生外壁腐蚀的原因有以下几种：

1）没有严格执行相应的积水规范（如混凝土不合格）；

2）土壤和地表水中含有侵蚀性的物质；

3）管道防护不当或防护涂层损坏。

在一定的温度下，经过一定的时间，土壤中的化学物质对管线产生持续腐蚀，而腐蚀程度主要取决于土壤中水的组成。对混凝土以及水泥材料制成的排水管线产生化学腐蚀作用的材料可以分为以下两种：

1）该材料溶解了硬化后的混凝土，导致混凝土管道管壁材料流失，管壁变薄；

2）该材料使得混凝土管外壁膨胀，同时导致土层隆起，变得更加松散。

流入地下水或土壤中的化学物质也可以腐蚀管线，常见的有腐蚀性的侵蚀剂有以下几种：

1）洗车时用的清洁剂；

2）汽油和机油；

3）氯化烃类；

4）垃圾堆和废物中渗出的液体；

5）未正确地存储、处理和弃置的化学物质（如工厂将未处理废水直接排放）；

6）从破损的污水管线中渗出的污水；

7）除草剂；

8）人类的排泄物；

9）溶化了的盐类。

如果初步判定以上几种化学物质可能存在于修建管道的线路上，或者直接就可以确定地下水有以上物质存在，则必须对该区域进行一个专门的勘查。

（3）含水泥的材料制成管道的内部腐蚀

内部腐蚀一般由以下原因造成：

1）没有严格遵守管线建设的相关标准和规范；

2）没有严格遵守标准和规范中所标示的相关参数值，如混凝土不合要求；

3）正常运行的管道内进入了其他物质，如某些化学剂，发生反应之后，使得管线的污水具有腐蚀性；

4）生物酸以及其他酸性敏感的材料的微生物作用对管线的腐蚀；

5）未对管线进行腐蚀防护，防护方法不当或防腐蚀保护层被破坏。

内部腐蚀包括物理破坏、化学破坏和微生物腐蚀三种：

1）物理破坏

① 盐结晶胀裂：在水面以上部分，由于毛细作用混凝土孔隙中充满了水，当水位及环境温度变化时，水中的盐析出，在一定温度和湿度环境下转化为结晶水化物，体积膨胀，破坏混凝土结构。

② 严寒地区冻融破坏：混凝土的饱水状态主要与所处的环境有关。在大气中使用的混凝土，其含水量未达到该极限值，从而几乎不存在冻融破坏的问题。而处在潮湿环境中的混凝土，其含水量明显增大，混凝土表面先受冻破坏，然后再向纵深发展。

2）化学破坏

① 中性化反应：混凝土是碱性物质，与酸发生反应导致其强度降低甚至丧失。最常见的是碳化反应，空气中的 CO_2 扩散到混凝土的毛细孔中，与水泥水化产生的氢氧化钙、水化硅酸钙、未水化硅酸三钙、硅酸二钙相互作用，形成碳酸钙，使混凝土碱度减低，影响其胶结能力，从而造成强度降低甚至丧失。

② 硫酸盐侵蚀：外界侵蚀介质中的 SO_4^{2-} 进入混凝土孔隙内部，与水泥中的 $Ca(OH)_2$ 发生化学反应，生成石膏。石膏与混凝土中的 C3A 的水化物进一步反应生成钙矾石，钙矾石生成时会体积膨胀，当膨胀应力超过混凝土的抗拉强度时，混凝土就会遭受破坏。

③ 碱骨料反应：它是指水泥混凝土中其他成分的碱与某些活性骨料发生反应，引起混凝土膨胀裂开。

3）微生物侵蚀

微生物侵蚀主要是由其生命活动中所产生的腐蚀性物质所造成的。微生物腐蚀分为细菌腐蚀和真菌腐蚀两种，而细菌腐蚀根据其代谢过程又分为好氧菌、厌氧菌、兼性菌三种。好氧代谢发生在供氧充足的地方，如桥墩。厌氧代谢主要发生在贫氧区域，排水管道的水下部分。两种代谢过程的产物不同，所以腐蚀的机理也不相同。排水管道的污水中有大量含碳、氢、氧、氮、硫、磷等元素的有机物和无机物。由于微生物的代谢作用，有机物在好氧条件下最终分解为二氧化碳、水、硝酸盐、硫酸盐、磷酸盐等。厌氧条件下最终分解为甲烷、二氧化碳、硫化氢等。无机物的微生物代谢主要包括无机氮、硫、磷的转化，好氧条件下最终转化为硫酸、硝酸、盐、磷酸盐等。厌氧条件下则形成亚硝酸盐、氮气、PH_3、硫化氢等物质。此外，有机物的代谢过程还将形成大量的脂肪酸、各种羧酸、氨基酸等中间产物。

3. 硫化氢腐蚀原理

排水管道的腐蚀主要是硫化氢的腐蚀。硫化氢腐蚀的速率受多种因素的影响，主要包括污水水质和管道的材质。一般来说，管道系统发生腐蚀需要满足以下 4 个条件：

1）污水中缺氧或者含氧量很低；
2）化物的生成及硫化氢从污水中逸出；
3）污水管道正常水位上方空间处于潮湿状态；
4）管材容易受酸腐蚀。

硫化氢，分子式为 H_2S，分子量为 34.076，标准状况下是一种易燃的酸性气体，无色，有毒，低浓度时有臭鸡蛋气味。污水在管道内的不能及时排出，停留时间过长，产生了过多的腐蚀性气体，其中以 H_2S 为主。在开井检查时，有强烈的臭鸡蛋味的气体溢出。H_2S 气体是城市排水系统中最常见的异味气体，它是在厌氧条件下细菌还原硫而形成的。硫化氢引起的腐蚀过程如图 2-21 所示，管道空气中的 H_2S 一旦接触到这些潮湿的表面，就立即被吸附，滞留在这层潮湿凝结水层中的 H_2S 接着就会被硫杆菌属的好氧菌转换成 H_2SO_4。

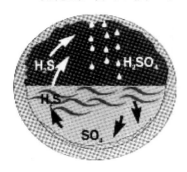

图 2-21 H_2S 生成图

H_2SO_4 可以和混凝土管的水泥发生反应，如果 H_2SO_4 的生成足够慢，那么几乎所有生成的 H_2SO_4 都会同水泥反应，生成一种浆状物，松散地固结在管道上，将管道充满时，部分浆状物块被剪切下来，或从管道壁上剥落下来，管道继续腐蚀，这个过程会重复进行。通常在管顶和靠近液面的两侧管壁腐蚀最严重。

2.4.6 缺陷形成过程

实际过程中，管道破损直至坍塌的发生不单单只是某个原因造成的，往往是多种原因共同作用的结果，有时一种缺陷引发了另外一种，然后又互为作用。其关联关系参见图 2-22。

多数管道结构性损坏都是从"小毛病"发展成"大病害"的，从小裂缝到最后坍塌，有逐渐发展演化的过程，一般都有几个阶段。管道破裂和塌陷是最为常见的两种重大缺陷，分析其演变过程，对于预防灾害的发生有重大意义。

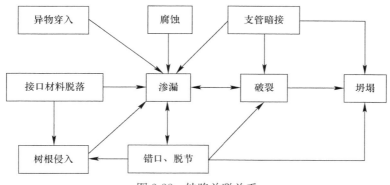

图 2-22　缺陷关联关系

1. 管道破裂演变过程（图 2-23）

阶段 1：管道产生裂痕时，在周围土壤的支撑下，管道仍留在原位。可见的管道缺陷：出现了裂痕，渗漏现象也可能出现。

阶段 2：在铺设管道时，如果回填土没有夯实或土质太差，那么侧面支撑不足以防止管道持续变形。地下水渗入或排水管道中的污水渗出，土壤随着水流进出管道。管道周围由于失去了侧面支撑，变形加剧，管道裂痕发展为裂缝。可见的管道缺陷：出现了裂缝，有轻微的变形，渗漏现象可能出现。

阶段 3：失去侧面支撑的管道持续恶化。一旦变形超过 10％，那么管道随时有坍塌的风险。可见的管道缺陷：出现了裂缝和变形；管身断裂。

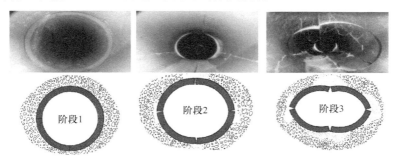

图 2-23　损坏的过程

2. 管道塌陷演变过程

阶段 1：排水管道接头松脱产生了缝隙或支管连接不良（支管直接连接在国内比较少见）。可见的管道缺陷：接头松脱，连接不良，渗漏，见图 2-24。

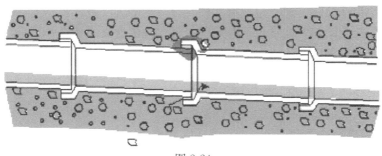

图 2-24

阶段2：地下水渗入，导致管道周围的土壤流入管道。缺少土壤支撑的管道将下陷，接头松脱，水土流失进一步恶化。可见的管道缺陷：管接头松脱错位，管线成蛇行状，渗入，见图2-25。

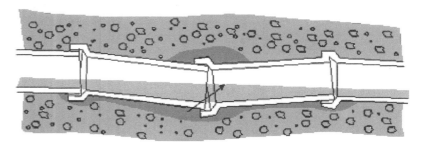

图 2-25

阶段3：管道接头已经错位的管道在受到外部不均匀荷载时，极易产生管道裂缝。然后裂缝进一步加剧，管道发生变形。可见的管道缺陷：接头松脱错位，管道出现裂痕裂缝，管道成蛇行状，见图2-26。

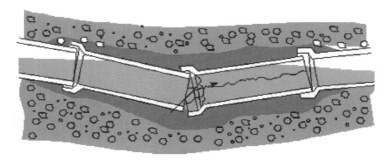

图 2-26

思考题和习题

1. 排水管道检测应用领域有哪些？检测对这些领域起何作用？
2. 周期性普查的含义是什么？我国关于普查周期有何规定？
3. 检测方法通常分成哪几大类？每一类的特点是什么？
4. 什么是结构性缺陷？通常包括哪几种？每一种的含义是什么？
5. 什么是功能性缺陷？通常包括哪几种？每一种的含义是什么？
6. 渗漏形成的机理以及主要原因是什么？
7. 排水管道在运行中的磨损有哪几种？每一种的机理是什么？
8. 管道阻塞会产生哪些不利影响？
9. 什么是排水管道腐蚀？
10. 简述管道腐蚀产生的原因。

第3章 传统检查方法与试验方法

在视频和声呐检测技术未用于排水管道检测之前，检查工作基本都采取人员在地面巡视检查、人员进入管内检查、反光镜检查、量泥斗检查、量泥杆检查、潜水检查等简单检查方法，这些方法都将其归结为传统检查方法。传统方法虽然存在安全、粗糙、不准确以及对检测人员职业素质要求高等问题，但它具有经济、快捷、方便等特点，至今还在被排水行业所采用，常用于管道养护时的日常性检查。

用于排水管道的各种试验方法是视频等检测方法无法替代的，一直沿用至今。这些试验方法经过改进后，得到了更加广泛的应用。

3.1 人工观测法

人工观测是指通过人眼观察的方法来查看排水管道外部与内部的状况。可以分为地面巡视、开井目测（见第6章）与人员进入管道内目测三种。该类方法由于受检查人员自身职业技术素质的制约，检查结果往往带有一定的主观判断性，必要时需要借助 CCTV 或声呐等技术手段对管道进行进一步的检测。目测人员必须具备必要的管道检查判读知识和经验，熟练掌握各种病害的表象。对病害的描述做到既要定性、又要定量，并且在检查现场应做好记录。

3.1.1 地面巡视

地面巡视是专业检查人员在路面通过观察管渠、检查井、井盖、雨水箅和雨水口周围的表象来判断设施的完好程度以及水流畅通情况，巡视主要内容包括：

（1）管道上方路面沉降、裂缝和积水情况；

（2）管道和附属设施上方的违章占压；

（3）雨水箅子杂物遮蔽；

（4）检查井冒溢和雨水口积水情况；

（5）井盖、盖框、雨水箅子、单向阀等完好程度；

（6）检查井和雨水口周围的异味；

（7）冰雪直接进入管道；

（8）市民投诉及其他异常情况。

巡视人员一般采取步行或骑自行车等慢行形式沿管线逐个检查井查看，晚间巡查可乘车进行。在正式实地巡视前，做好巡视计划，其内容包括位置、时间、路线等，准备好要巡视区域的排水管线图。在巡视的过程中根据要求填写巡视过程记录表，清楚记录巡视过程中发现的各种问题。

1. 路面设施巡查

路面巡查工作常分为以下三类：

（1）日常巡查：正常运行时，排水管道及其附属设施的正常巡查。由养护单位指定相关专业人员进行巡查，每周不少于一次，必要时养护单位可组织技术人员，进行比较全面的检查。

（2）年度巡查：每年对管道、检查井、污水处理等各种设施进行一次全面的、详细的专项检查。

（3）特别巡查：当排水管道遇到严重影响安全运行的情况（如发生大暴雨、大洪水、强热带风暴、有感地震、水位突变等）、发生较严重的破坏现象或出现其他危险迹象时的巡查。特别巡查由养护单位组织技术人员共同进行检查，必要时组织有关专家进行检查。

路面设施巡查是日常性工作，每天都得进行。一般实行分片分级管理体制，即责任分片，路段分级，设定巡查路线，确定巡查人员。路面巡查人员负责对辖区内排水管道及附属设施进行巡查，及时发现并报告有影响排水设施正常运行的行为和现象，并处理有关投诉。

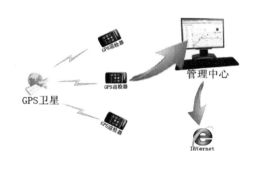

图 3-1 巡查管理系统图

巡查工作最好把信息技术、通信技术、移动互联网以及卫星导航技术作为支撑。在一个城市的排水管理部门或一个片区排水管网养护单位，建立巡查系统管理中心，构建 GPS 管网巡查系统（如图 3-1）是非常必要的。以此作为监控平台，通过巡查人员手持或车载终端（俗称：GPS 巡视器）可以对人员行进和车辆行驶状况实时监控以及移动轨迹回放，还可通过移动互联网实现巡查人员与管理中心的语音通话，便于下达指令、紧急事件报告和工作调度。该系统还具有巡查工作量统计和分析功能，为实现巡查工作量化考核提供依据。

建立一套自己的巡视管理系统需要相当多的人、财、物的投入，不是每个城市或单位都负担得起。一些从事排水管网软件开发和服务的公司，针对管网巡查现状及实际需求，提供云平台工作模式，省去了自己独自建立系统以及运行维护所产生的费用，以很少的使用费来实现自动化监管，提高巡检工作效率和质量。它能基于人们常用的公开手机地图进行管理定位，手机端支持在线与离线模式切换，Web 端支持发现问题的及时提醒，同时支持 Web 端进行消息推送。

2. 管道空间位置校核和测量

我国大多数城市地下管线基本都实施了普查工作，同时建立了地下管线信息管理系统（图 3-2），排水管线作为城市地下管线的一类，是地下综合管线数据库中的重要部分。在城市地下综合管线系统中，排水管线只包含空间位置、管径和材质等最基本属性（图 3-3），是不能满足排水专业部门需求的。为了改变这一现状，有条件的城市排水管理部门在已有管线数据的基础上，添加了与排水有关的全部数据，并委托软件公司专门开发排水地理系统（简称：排水 GIS）。

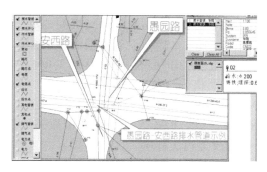

图 3-2　地下管线信息系统界面　　　　　　　　图 3-3　排水管线图

这些数据和管线图为巡查工作的顺利开展提供了最基础的资料，但不可否认，这些成果都存在不同程度的差错。集中表现在：

（1）检查井位置偏差较大；

（2）井盖属性和规格错误；

（3）管径错误；

（4）埋深及管底高程不正确；

（5）倒坡和流向错误。

上述前两类错误是在巡视中可能被发现的。将排水检查井和路面其他市政设施（如：路沿石、花台、其他管线检查井盖）的相关位置或距离和已有管线图进行比对，将现场观测到的井盖属性（标注"雨"或"污"等）以及井盖尺寸或形状与现有排水数据库的信息比对，发现错误，及时报告，后由专业人员重新测绘调查修改。

3. 施工现场管理

施工现场包括施工区、办公区和生活区。对施工现场的实地检查主要包括以下方面：

（1）排水许可证；

（2）施工区采取排水措施，有沉淀池，无直排泥浆水、消除黑臭水；

（3）施工区周边检查井、雨水口不冒溢；

（4）食堂按规定设置隔油池，并及时清理；

（5）施工生产现场和办公生活区域的厕所均应建化粪池，化粪池符合要求并及时清理；

（6）设置车辆轮胎清洗沉淀池。

以上内容中，检查施工区泥浆偷排乱倒是最重要的项目，这种行为直接造成管渠淤积和水体污染。相关法规条例都对废弃泥浆的处理做出了相应规定，但废弃泥浆乱排的现象依然屡有发生。分析原因，有以下几点：

（1）废弃泥浆外运费用昂贵，约为 $40 \sim 60$ 元/m^3，全部外运需要的费用不菲；

（2）施工单位和运输单位受利益驱使，在生产和运输过程中将泥浆偷排以减少处理费用；

（3）专门的泥浆处置场所数量少；

（4）相关管理部门对施工工程的日常管理力度不够，出现污染事故后才追究责任；

（5）目前尚未有适合现场使用的且费用较低的废弃泥浆现场处理技术。

正常情况下，建筑工地应设置排水沟及沉淀池，含有泥浆的污水必须经沉淀池沉淀后方可排出或通过密闭容器运输至指定地点，施工单位应对污水排放设施定期清理维护，确保设施正常使用，排水管网畅通。严禁泥浆水排入污水管网和河道。建设和施工单位在工程建设中凡需向市政排水设施排水的，在施工前，应当严格依法向当地排水部门申请办理排水许可手续，排污管网及设施按照城市市政排水管理有关规定设置，实施雨水、污水分流。

对施工工地的检查一般每天不少于一次的不定时检查，检查人员必须携带数码相机、摄像机或管道潜望镜等调查取证设备，以便今后处理或走司法程序。

3.1.2 人员进管观测

在确保安全的情况下，大型管道或特大型管道可以在断水或降低水位后采用人员进入管道的方法进行检查，进入管内检查具有最高的可信度，为了避免仅凭记忆造成的信息遗漏，同时也便于资料的分析与保存，人员进入管内检查应采用电视录像或摄影的方式。根据《城镇排水管道维护安全技术规程》CJJ 6—2009 中相关规定，对人员进入管内检查的管道，其管径不得小于 0.8m，流速不得大于 0.5m/s，水深不得大于 0.5m，充满度不得大于 50%，其中只要有一个条件不具备，检查人员就不能进入管道。下井前必须按步骤进行有毒有害气体检测和防毒面具安全检查，填写下井作业票。在检测过程中，检测人员腰间系安全绳，起着与地面人员保持连接且互动信号联系的作用，以防万一出现突发事件，抢救遇险人员。安全绳还起着测量距离作用，能对缺陷等状况实施有效的定位。检测人员从进入检查井起，连续工作时间不能超过一小时。受管径因素的影响，人工进管只能检测管径比较大的管道，对于管径较小的管道则无法通过人工进管的方法进行检测。同时由于管道内部空间狭小，人工检测的效率相对较低。

进入管道内目测人员必须持有国家安全生产监督管理部门颁发的有毒有害有限空间作业证书（图 3-4），具备必要的管道检查判读知识和经验，熟练掌握各种病害的表象。对病害的描述做到既要定性，又要定量。在检查现场应与地面人员配合做好记录。

图 3-4　特种作业操作证样式

1. 进管观测作业流程

管道和检查井里面的空气和水环境是人员能否进行管内检测的两个前提条件，所以，在人员进管前，正确判断管内情况显得十分重要（进管作业检测流程如图 3-5）。在我国很多地区，由于大型管流量较大，特别是污水主干管。雨水管由于地下水等外来水的渗入，常态化的高水位。这些状况都限制了人员进入管道的可能，如何能断水或降低水位，达到人员能进入管道的必要条件，是必须要解决的问题。选择低水位或降低水位的方法一般有：

（1）选择低水位时间：如居民用水最少时间段、连续旱天、无潮水时等；

（2）泵站配合：上游泵站全部停止或部分台组停止运行，下游泵站"开足马力"抽吸；

（3）封堵抽空：先上下游用橡胶气囊封堵，后抽空管内的水。

运行中的管道难免淤积，若不影响检查人员在管中行走，可不进行清淤作业。若淤积较多可能致使人员行走困难，则必须采取通沟牛牵拉或高压水冲洗等方法除掉淤泥，达到人员"走得过、走得通、走得顺"。

在确保安全的情况下，为减少体力消耗，人员进入大型管道宜从上游往下游走，行走速度不宜过快。目视的同时，可用四肢触碰管体，进一步掌握缺陷的深度和广度。

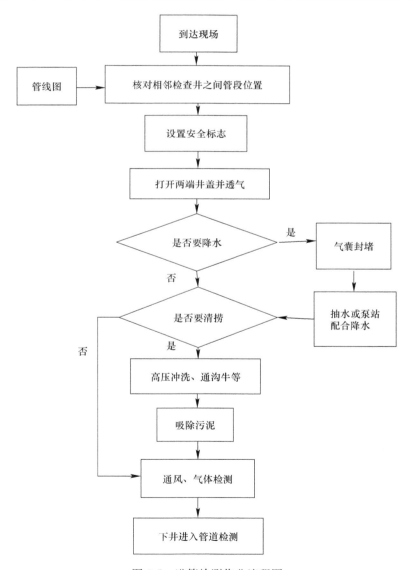

图 3-5　进管检测作业流程图

2. 装备和工具

进入检查井和管道进行检测作业，不同于在地面巡视，保证检测人员的人身安全要摆在第一位。主要要防止有毒有害可燃性气体以及管道内水流变化危及生命，所以防范措施要万无一失。主要装备和工具有：

（1）鼓风机：一般有管式（如图3-6）和叶片式（如图3-7）两种，前一种效果较好，价格较贵，携带不很方便。后一种则价格便宜，重量较轻，为我国大多数施工者所使用；

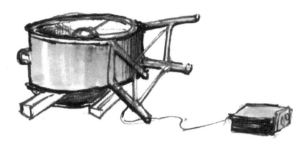

图3-6　管风式通风机　　　　　　　　　　　图3-7　叶片式通风机

（2）有毒有害气体检测仪：目前市场上供应的用于有限空间的气体检测仪，大部分适用于测定氧气、爆炸性气体、一氧化碳及硫化氢，常称为四合一气体检测仪；

（3）梯子或带葫芦三脚架等人员升降井工具或设备；

（4）头盔及头戴式电筒（图3-8）；

（5）呼吸器：有过滤式和自给式两大类，过滤式（图3-9）一般只能过滤一些粉尘，对有毒有害气体不起作用，在排水管道内部环境中不宜使用。自给式空气呼吸器（图3-10）也叫作正压式空气呼吸器、空气呼吸器、消防空气呼吸器等，随着人们对安全的重视提高，自给式空气呼吸器已经广泛地应用到了下水道工作、化学抢险以及部分密闭空间内的作业等环境；

图3-8　头盔和电筒图　　　　图3-9　过滤式呼吸器图　　　　图3-10　自给式呼吸器

（6）有距离标记的安全绳：安全绳要有足够的抗拉强度，每米做一个标记，能对人员和缺陷实现定位；

（7）相机或摄像机等影像记录设备：为了真实记录管道内的情况，检测人员一般应该携带诸如数码相机、有相机功能的手机、便携式运动摄像机（图3-11）和带摄像功能的头盔（图 3-12）等影像记载设备；

图 3-11　运动式摄像机

图 3-12　摄像头盔

（8）探棒：又名信标发射器，它能主动发射一定的频率的信号，检查人员手持它进入管道，地面人员可利用金属管线探测仪的接收机实时定位，这样可以掌握人员在管中的位置，若发现管道内的缺陷病害，亦可进行定位。其工作原理参见图 3-13。

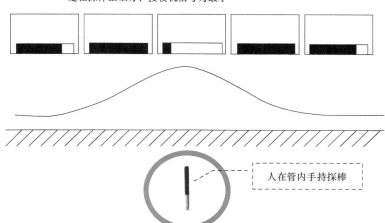

图 3-13　探棒定位示意图

3. 进管检查内容

在可视范围内，进入检查井和管道检查的项目可根据需求有选择地进行，一般包含有：

（1）核实检查井内的管道连接关系，检查井形状和尺寸等与原有资料是否相符；

（2）观察检查井内在地面未看到的盲区，其结构完好形状和结垢情况；

（3）管道接口和检查井管壁连接处连接情况以及渗水情况；

（4）管道结构形状；

（5）管道外来水渗入情况；

（6）非此管道的其他异物情况；

（7）管壁磨损情况；

（8）量测缺陷范围和所在环向和纵向位置。

人工进管检测具有较高的可行度，但成本和危险度也较高，对管道正常运行的影响较大。人员进入管内检查可采用摄影的方式进行记录，避免凭记忆可能造成的信息遗漏，同时也便于资料的分析和保存。

3.2 简易器具法

多年来，排水行业工作者发挥聪明才智，为解决地下排水管道不能进入或不易进入的难题，发明了各式各样的检测工具，以便帮助人掌握管道和检查井内部情况，通过借助于各种简易工具来实现对管道内部情况的检查，我们将这一类统称为简易器具法。常用的检查工具有竹片、钢带、反光镜、"Z"字形量泥斗、直杆形量泥杆、通沟球（环）、激光笔等。各种简易器具的适用范围如下表（表3-1）所示：

简易器具检查种类以及适用范围　　　　　　　　　　　　　　　　表3-1

适用范围 简易器具	中小型管道	大型以上管道	倒虹管	"蛇"形管	检查井
竹片或钢带	适用	不适用	适用	部分适用	不适用
反光镜	适用	适用	不适用	部分适用	适用
"Z"字形量泥斗	管口适用	管口适用	适用	管口适用	适用
直杆形量泥杆	不适用	不适用	不适用	不适用	适用
通沟"牛"	适用	不适用	适用	部分适用	不适用
检测球	适用	不适用	适用	部分适用	不适用
圆度芯轴器	不适用	适用	不适用	部分适用	不适用

以上几种工具都有各自的局限，它只能用在特定目标的检测，当检测的结果能够被确认时，也可作为评估或整改的依据。

3.2.1 竹片和钢带

竹片和钢带是最古老的疏通工具，它主要解决中小型排水管道的堵塞问题，通过人工合力来回抽送竹片或钢带，来达到捅开淤塞物，让污水流通的目的。严格意义上讲，它们都不是检测工具。它们被用作检测时，只能查探是否堵塞以及堵塞在什么位置。有时通过竹片和钢带最前端的残留物，来确定堵塞体位何物。在路面发生沉降现象时，可以判断管道是否存在变形或塌陷。

竹片采用毛竹材料，劈成条形状，长度一般在5m左右，宽度5cm左右（图3-14）。采取一根根直立状态运输到现场，再在现场用铁丝捆绑连接，达到所需要的长度。竹片运输麻烦，使用中回拖至地面会造成严重大面积污染，应该逐步被淘汰。由于经济实惠，操作简单，至今在我国不少城市还在被大量应用。

钢带的材质是60Si2Mn硅锰弹簧钢，其制成品宽度一般有25mm、30mm、40mm，长度可任意选择，一般为50m（图3-15）。它不像竹片易腐烂，经久耐用，且具有强度高、弹性和淬透性好的特点，收纳时可成盘卷状态，便于运输，且回收时也不会对地面造成大面积污染，它比竹片有优越性。

图 3-14　竹片　　　　　　　　　　　　图 3-15　钢带

3.2.2　反光镜检测法

打开被检管段的两端井盖，让自然光照进管内。检查人员手持反光镜，并顺着检查井的垂直方向，缓缓放至管道口或检查井里合适的位置，直到观测人员透过反光镜能看到管内情景。检查员站在井口眼睛往下观察镜面，可通过镜面折射出管道内部的情况。可间接看到管道内部的变形、坍塌、渗漏、树根侵入、淤泥等缺陷性情况。检测时应保持管内足够的自然光照度，宜在晴天进行。该工具设备简单，成本低廉，但受光线影响较大，检测距离较短。一般用在检查支、连管的检查。反光镜由镜面和手持杆两部分组成，手持杆一般都能收缩，便于携带。反光镜的镜面形状有圆形和椭圆形之分（图 3-16），我国实际工作中用到的反光镜大多是圆形。镜面材料有玻璃和不锈钢两种。在德国等发达国家，视频检测虽已非常普及，但反光镜作为简便而又实用的排水管道检查工具依旧在使用。

图 3-16　反光镜

反光镜检测一般满足下列条件方才能实施：

（1）管段相邻两检查井井盖打开后，管道内有较好的照度，一般在光线很好晴天，效果最好；

（2）管内水位低，管口露出较多，最好 2/3 以上；

（3）管道埋深较浅，反光镜杆（又名：伸缩管）够长，镜面能放至管口附近；

（4）管内和检查井内无雾气。

3.2.3 量泥杆、量泥斗法

量泥杆实际上就是普通的任何材料的直型杆，前端削尖。它可以是一般竹杆，也可以是普通金属杆，只要有足够长度，满足井深要求即可。检查人员打开检查井盖，持量泥杆尽力将其插入井底，直到插不动为止，然后迅速抽取至地面上，再量取残留在杆端的淤泥痕迹高度，这个高度即为检查井积泥的大概深度。量泥杆在井内水位不高或无水时，其量测的深度数据较准确些。

量泥斗法是通过检测管口或窨井内的淤泥和积沙厚度，来判断管道排水功能是否正常的一种检测方法，一般适用于检查稀薄的污泥。量泥斗主要由操作手柄、小漏斗组成。量斗滤水口的孔径大约 3mm，漏斗上口离管底的高度依次为 5cm、7.5cm、10cm、12.5cm、15cm、17.5cm、20cm、22.5cm 和 25cm。量斗按照使用部分可以分为直杆形和"Z"字形两种，前者用于检查井积泥检测，后者用于管内积泥检测；Z 字形量斗的圆钢被弯折成 Z 字形，其上水平段伸入管内的长度约为 50cm，使用时漏斗时应保持水平。操作手柄一般由多节自由连接而成，可根据井深的大小，安装所需的节数。

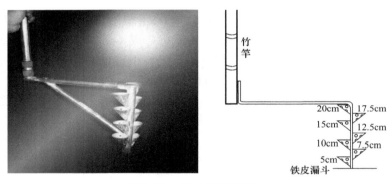

图 3-17 "Z"字形量泥斗

无论是量泥杆，还是量泥斗，在遇到下列情形时失效：

（1）坚硬异物、水泥浆块等底部板结等情形时，杆尖或斗头有时不能真正插至检查井或管道底部，所以测出来的积泥深度未必准确，只能供参考；

（2）淤积深度超过 25cm 时，量泥斗测深高度不够；

（3）离开管口进去 50cm 后的管道内部积泥深度是无法量测到的，量测范围很小，有很大的局限性；

（4）手柄长度不够，检查井过深，插不到底。

3.2.4 "通沟牛"法

"通沟牛"多用于管道疏通养护，但在检测设备较简陋的情况下，也可用来初步判断管道通畅程度及是否存在塌陷等严重的结构损坏。其主要设备包括绞车、滑轮架和"通沟牛"，绞车可分为手动和机动两种。如图 3-18、图 3-19、图 3-20 所示。

用于管道疏通时，使用"通沟牛"在管道内来回移动，将淤泥清理至检查井，然后将淤泥捞出送至垃圾填埋场。用于检查管道时，通过更换不同尺寸的"通沟牛"在管道内来回移动的通畅程度来判断淤泥量、管道存在的变形程度或其他严重的结构缺陷。

图 3-18　绞车、滑轮架和"通沟牛"　　　　　　　　图 3-19　机动绞车

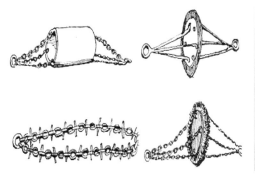

图 3-20　"通沟牛"

3.2.5　检测球

检测球法是利用与管径相适应的金属状网球或橡胶球,在人力的牵引下,在管道内从一端移动到另一端,根据球的通过情况来判断管道断面损失情况。一般情况下,金属网球不能检测出软性淤泥类的断面损失情况。检测用的橡胶球与管道清洗用的橡胶球相同,球面呈凹凸螺旋状(图3-21),准确控制好充气程度,通过量测橡胶球的周长,使之与被检测管道的直径相一致。橡胶球可带水作业,在检测的同时,还可以利用水力冲洗管道。金属网状检测球一般用直径10mm的钢筋按照球形经纬线的布局点焊而成,具体规格见表3-2。

金属网状球规格表　　　　　　　　　　　　　　　　　　表 3-2

序号	被检管径 D（mm）	检测球直径 $D_j = D - 3\%D$（mm）
1	300	291
2	400	388
3	500	485
4	600	582

检测球的检测原理如图3-22所示,检测球从上游检查井拖入进管,如果卡主,定位出卡点,再从另外一端检查井拖入,验证卡点位置是否正确以及断面损失的纵向长度。

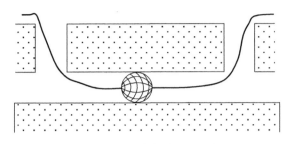

图 3-21　橡胶球　　　　　　　　　图 3-22　检测球检测原理示意图

3.2.6　圆度芯轴检测器

圆度芯轴检测器是用金属材料制作成的外形呈圆柱状的专门用于中小型管道检测的简单工具，它分单一口径和多口径两种，其材料分：钢、不锈钢、铝合金（如图 3-23、图 3-24、图 3-25）。单一口径的是指每一个检测器只能检测一种直径的管道。多口径的是一个检测器可检测多种直径的管道，只需在检测时更换直径相对应的圆度盘即可，圆度盘一般由大到小成序列配置，具体尺寸可由用户自己决定。

图 3-23　钢（单一口径）　　　图 3-24　不锈钢（多口径）　　　图 3-25　铝合金（多口径）

圆度芯轴检测器能同时检测管道断面和轴向变化，它解决了检测球不能反映出轴向偏移的弊端，是当今欧美等发达国家常用检测工具，特别用在化学管材的变形检测方面。

圆度芯轴检测器的检测方法有以下两种方式：

（1）人工牵拉式：如图 3-26 所示，先用穿绳器等工具在被检测管段内穿入一根塑料绳，然后将检测器拴在上游检查井的牵引绳一端，另一端人员缓缓将其拖入进管，如果卡主，定位出卡点，再从另外一端检查井拖入，验证卡点位置是否正确以及断面损失的纵向长度。

（2）负压式：如图 3-27 所示，在铝合金检测器的一端挂上一个伞式风袋，放入上游检查井里，下游检查井口安装风机，当风机向井外鼓风时，管道内形成负压，伞袋会带着检测器在管道内移动，如果检测器未能顺利到达下游井内，说明管道有变形、阻塞等情形。

图 3-26 牵拉式工作原理图

图 3-27 负压式工作原理图

3.2.7 大型管道圆度测量仪

管道圆度测量仪用于测量大型管道，如大型铸管、无缝钢管及水泥管道的承、插口等的内、外径圆度误差（又称：椭圆度误差）。它需要人员进入管道内操作方可完成。

该仪器由测量杆和百分表组成（图 3-28），由于测量杆垂直平分于滚轴所构成的弦，所以必过被测管的圆心。杆通过弹簧将滚轮压在被测管道上，仪器旋转 180°的过程中，滚轮将通过内部的顶杆压缩百分表头，显示直径的变化。

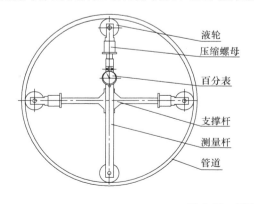

图 3-28 圆度测量仪

将管道圆度测量仪置于被测管的横截面内，松开压紧螺母。杆通过弹簧将滚轮压在被测管道上，仪器旋转180°，通过百分表的变化方可读出直径的变化。使用圆度测量仪时要注意以下两点：

（1）当支撑杆处于水平位置时，支撑杆会产生一定的下沉，这不会影响测量精度；

（2）滚轮的轻微跑偏（使仪器在管道的斜截面内运转）所产生的误差可忽略不计。（以1m为例：偏5mm所产生的误差为0.01mm；偏10mm所产生的误差为0.05mm）。

3.3 潜水检查

潜水检测是为进行查勘排水管渠的情况而在携带或不携带专业工具的情况下进入水面以下的活动（图3-29）。

图3-29 潜水示意图

在很多地下水位高的城镇，特大型和大型管在一般情况下断水和封堵有困难，同时管道运行水位也很高，包括倒虹管和排放口，采用潜水员进入管内的检查往往是不二选择。潜水员通过手摸或脚触管道内壁来判断管道是否有错位、破裂、坝头和堵塞等病害。根据《城镇排水管渠与泵站运行、维护和安全技术规程》CJJ 68—2016中相关规定：采用潜水检查的管道，其管径不得小于1200mm，流速不得大于0.5m/s；且从事管道潜水检查作业的潜水员和单位必须具有特种作业资质（图3-30所示）；潜水员发现情况后，应及时用对讲机向地面报告，并由地面记录员当场记录。由于该种方法是肢体感觉的判断，有时带点猜测，检测结果的准确性和可靠性无法与通过视觉获得的信息相比，全凭下潜人员口述，因此在不完全确认的情况下，还须采取降水等措施，通过视觉或摄像等获取真实现状。

图3-30 潜水作业证书样本

3.3.1 潜水装备

排水行业用的潜水装具与深海救捞行业的有所不同，通常有通风式重潜水装具和浅潜水装具两种。前者适用于45m内水深作业，而后者只能适合水深12m内的水下作业。

1. 通风式重潜水装具

如图 3-31 所示，重潜水装具具有厚实、笨拙、适应高水压等特点，在排水行业使用较少。使用重装式潜水装具在水中工作时必须脚踏水底或实物，或手抓缆索，不能悬浮工作，由于放漂在水底因潜水服中气体过多，失去控制而突然急速上升（俗称：放漂）的危险性大，所以重装式潜水装已逐渐被轻装式取代。

图 3-31　通风式重潜水装具

1—潜水头盔；2—潜水衣；3—潜水鞋；4—压铅；5—腰节阀；6、7—胶管；8—对讲电话；
9—电话附件；10—手箍；11、12—供气泵

通风式重潜水装具主要包括：潜水帽、潜水服（一般有特号、大号、中号三种规格）、压铅、潜水鞋、潜水胶管（不同长度 3 根）、全毛毛线保暖服、全毛毛线保暖袜、全毛毛线保暖手套、全毛毛线保暖帽、腰节阀、手箍（大、中、小三种规格）、对讲电话及其附件、机动供气泵、电动供气泵、潜水刀、潜水计时器以及水下照明灯等。

2. 浅潜水装具

浅潜水又称作轻装式潜水，它是城市排水管道管道、检查井封堵、检测和清捞的常用装具。如图 3-32 所示，轻装型干式潜水服与重装不同，其帽子、衣服、裤子和靴子连成一体，背后装有水密拉链，穿着方便，密封性能好，在潜水服内还可加穿着保暖内衣，使保暖性能更加优良，尤其适合水温较低的各种潜水作业。与供氧系统配套使用，安装及其简单。在排水管道有限空间里，潜水员水下行动灵活，特别适合城市排水行业。

浅潜水装备主要包括：潜水服、呼吸器、潜水胶管、腰节阀、压铅、对讲电话、通信电缆、手箍、机动供气泵以及电动供气泵等。

3.3.2　检测作业内容

潜水检测作业必须以作业组为单位，单组潜水作业应有四人组成，并备有全套应急潜水装具和救助潜水员。双组潜水作业可由八人组成，但不得少于七人。离基地外出潜水作业，必须具备两组同时潜水的作业能力。潜水员、信绳员、电话员、收放潜水胶管员（扯

管员）必须由正式潜水作业人员操作，严禁他人代替。

图 3-32　浅潜水装具

1—潜水衣；2—呼吸器；3—胶管；4—腰节阀；5—压铅；6—长胶管；7—对讲电话；8—通信
电缆；9—手箍；10—机动供气泵；11—电动供气泵

1. 准备工作

准备工作包括下列内容：

（1）潜水作业前应了解作业现场的水深、流速、水温及管道内的淤积情况，并认真填写在潜水日志中；

（2）根据水下作业内容和工作量，结合作业现场管道内的淤积情况，认真分析潜水作业中可能遇到的各种情况，制定潜水作业方案和应急安全保障措施；

（3）对现场所使用潜水空压机、潜水服、水下对讲机以及安装用的气囊，作使用前调试和检查，检验至使用设备性能优良为准；

（4）潜水作业开始，潜水工作四周设防护栏装置。夜间作业应悬挂信号灯，并有足够的工作照明。

2. 安装气囊封堵

进行潜水检测时，为了人员的绝对安全，必须先要采用橡胶气囊对被检查管段的上下都要进行封堵，以防突然的水流变化。气囊封堵一般按照以下流程进行：

（1）连接好三相电源，调试空压机，检查空压机气压表至正常气压；

（2）医用氧气瓶装氧气表和气管并与空压机连接好当应急气源用；

（3）潜水员穿好潜水装备，调好对讲系统，进入管道做第一次水下探摸，并检查管道内是否有杂物毛刺，并做清理至符合气囊安装条件；

（4）检查气囊表面是否干净，有无附着污物，是否完好无损，充少量气检查配件及气囊有无漏气的地方。确定正常方可进入管道内进行封堵作业；

（5）管道的检查：封堵前应先检查管道的内壁是否平整光滑，有无突出的毛刺、玻璃、石子等尖锐物，如有立即清除掉，以免刺破气囊，气囊放入管道后应水平摆放，不要

64

扭转摆放，以免窝住气体打爆气囊；

（6）做气囊配件连接及漏气检查：首先对管道堵水气囊附属充气配件进行连接，连接完毕后做工具检查是否有泄漏处。将管道堵水气囊伸展开，用附属配件连接进行充气，充气充到基本饱满为止，压力表指针达到 0.03MPa 时，关掉止气阀，用肥皂水均匀涂在气囊表面上，观察是否有漏气的地方；

（7）将连接好的管道堵水气囊里面的空气排出，竖着卷一下，通过检查口放入，达到指定位置后，即可通过胶管向气囊充气，充气至规定的使用压力即可。充气时应保持气囊内压力均匀，充气时应缓慢充气，压力表上升有无变化，如压力表快速上升说明充气过快，此时应放慢充气速度，将止气阀稍微拧紧一些，以减轻进气速度，否则速度过快，迅速超过压力很有可能就会打爆气囊。

3. 潜水员进入管内检测

在封堵工作完成后，潜水员即可下水开展检测工作，检测工作一般要遵循下列原则：

（1）潜水员一般从上游检查井进入管道开始检查，顺坡缓慢行走，为的是节省体力；

（2）潜水作业人员必须熟悉使用信号绳的规定及事先约好的联络信号。特别是在深水和流急的管道、集水池作业时，必须系信号绳，以备电话发生故障时，可利用信号绳传递信号；

（3）潜水员在水下作业时，应经常与地面电话员保持联系，将手摸到的和脚触到的情况随时报告给地面电话员。电话发生故障时，可用安全（信号）绳联络。当电话和信号绳均发生故障时，可用供气管联络，并应立即出水。潜水员必须严格执行水面电话员的指令。遇有险情或故障，应立即通知水面电话员，同时保持镇静，设法自救或等待水面派潜水员协作解救；

（4）潜水员在水下工作时，必须注意保持潜水装具内的空气，始终保持上身（髋骨以上）高于下身（髋骨以下），防止发生串气放漂事故；

（5）潜水员水下作业应佩带潜水工作刀，在深水中作业应尽可能配备水上或水下照明设备；

（6）作业水深超过 12m，潜水员上升必须按减压规程进行水下减压。水深不足 12m，但劳动强度大或工作时间长，也应参照减压标准进行水下减压。

3.3.3 注意事项

排水管渠潜水检测工作是一项极其危险的工作，保护好潜水检测人员的生命安全至关重要，在检测过程中应该注意以下事项：

（1）潜水供气胶管可根据作业环境选择漂浮式或重型胶管。排水管道检测中，应采取飘浮式胶管，但在水较深、流速较大的管道内作业时宜采用用重型胶管；

（2）潜水装备应建立保管、使用档案。潜水衣、头盔、供气胶管要定期检查和清洗消毒，凡达不到安全强度要求的应报废停用；

（3）施工现场三相电源必须正常，有专人负责；

（4）潜水员水下工作时，供氧设备必须有专人看护管理；

（5）在现场的供氧设备上连接另一套应急供氧设备；

（6）现场施工过程中现场负责人必须全程监管。

3.4 无压管道严密性检测

无压管道严密性检测是指通过用水、气、烟等介质采取各种方法的试验来检查管道或检查井的除正常开口外的结构密闭性能，通常也称作密闭试验。通常有闭水试验、闭气试验和烟雾试验三种，其中闭水试验常作为敷设新管和修复旧管质量控制和验收环节的必不可少的内容，往往是衡量管道建设质量的最重要指标，是施工质量验收的主控项目，具有"一票否决"的功效。闭气试验虽然已写入了行业的有关规程，但还未得到广泛使用。

3.4.1 闭水试验

1. 基本原理

闭水试验是传统管道密闭性测试的主要方法之一，通过向相对密闭环境下的管道内注水，测定单位时间下水量的损失来判断管道密闭性是否良好的一种方法。适用范围包括：污水管道、雨污水合流管道、倒虹吸管、设计要求闭水的其他排水管道。

试验最小单元可以根据工程设计文件确定，它可以是：单个检查井、不含检查井的管段、含检查井的管段、单个接口等。

闭水试验有节水式闭水试验（图3-33）和常规式闭水试验（图3-34）之分，节水式通常应用在接口处的严密性试验。

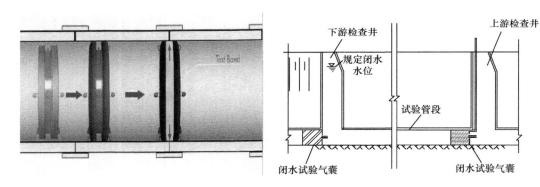

图 3-33　节水式闭水试验　　　　　　图 3-34　常规式闭水试验

2. 试验过程

常规式闭水试验是我国普遍采用的方式，其试验过程通常为：

（1）准备工作：将检查井内清理干净，修补井内外的缺陷；设置水位观测标尺，标定水位测针；安置现场测定蒸发量的设备；灌水的水源应采用清水，并做好灌水；

（2）封堵：以两个检查井区间为一个试验段，试验时将上、下游检查井的排入、排出管口严密封闭。管道两端封堵承载力经核算大于水压力的合力。除预留进出水管外，应封堵坚固，不得渗水；

（3）注水：由上游检查井注水。半湿性土壤试验水位为上游检查井井盖处，干燥性土壤试验水位为上游检查中内管顶的4m处；

（4）试验：试验时间为30min，测定注入的水的损失量为渗出量。

3. 试验检验

（1）闭水试验检验频率

闭水试验检验频率详见表 3-3。

闭水实验检验频率 表 3-3

序号	项目		检验频率		检验方法
			范围	点数	
1	倒虹吸管		每个井段	1	灌水
2	其他管道	$D<700mm$	每个井段	1	计算渗水量
3		$D700\sim1500mm$	每 3 个井段抽验 1 段	1	
4		$D>1500mm$	每 3 个井段抽验 1 段	1	

注：1. 闭水试验应在管道填土前进行；
2. 闭水试验应在管道灌满水后经 24h 后再进行；
3. 闭水试验的水位，应为试验段上游管道内顶以上 2m。如上游管内顶至检查口高度小于 2m 时，闭水试验水位可至井口为止；
4. 对渗水量的测定时间不少于 30min；
5. 表中 D 为管径。

（2）闭水试验允许渗水量

按照《给水排水管道工程施工及验收规范》GB 50268—2008 的要求，实测渗水量要小于或等于表 3-4 规定的允许渗水量。

无压混凝土或钢筋混凝土管道闭水实验允许渗水量 表 3-4

管径（mm）	允许渗水量（m³/24h·km）	管径（mm）	允许渗水量（m³/24h·km）
200	17.60	1200	43.30
300	21.62	1300	45.00
400	25.00	1400	46.70
500	27.95	1500	48.40
600	30.60	1600	50.00
700	33.00	1700	51.50
800	35.35	1800	53.00
900	37.50	1900	54.48
1000	39.52	2000	55.90
1100	41.45		

管道直径大于表 3-4 时，实测渗水量应该小于或等于按下列公式计算的允许渗水量：

$$q = 1.25 \sqrt{D_i} \tag{3-1}$$

异形截面管道的允许渗水量按照周长折合成圆形管道计算。

化学管材管道的实测渗水量应该小于或等于按下列公式计算出的允许渗水量：

$$q = 0.0046D_i \tag{3-2}$$

式中　q——允许渗水量（m³/24h·km）；

　　　D_i——管道直径（mm）。

4. 试验设备及工具

试验设备及工具主要包括：

（1）大功率潜水泵、胶管（要用于闭水试验时抽水用）2台；

（2）标尺（主要用于观察灌水时水位变化情况）1个；

（3）刻度尺；

（4）水位测针（由针体和针头两部分构成）；

（5）百分表；

（6）水表；

（7）堵水气囊；

（8）水箱（1m³）。

3.4.2 闭气实验

1. 基本原理

闭气试验与闭水试验类似，也是管道或检查井密闭性测试的方法之一。闭气试验测试速度快，操作简单，即将成为未来主流的管道密闭性测试方法。它的基本原理是根据不同管径的规定闭气时间，测定并记录管道内或检查井内单位压力下降所需要的时间，如果该时间不低于规定时间，则说明管道及检查井密闭性良好。闭气检测可用于整个管段、单一接口或检查井的严密性检测。

2. 管段闭气检测

在欧美发达国家，相邻两检查井之间整段管作为一整体来实施闭气试验（图3-35），是敷设新管质量检查必不可少的环节，它具有闭水试验无可比拟的优势，大量节约自来水资源，解决了闭水试验后水的出处，作业效率高，时间快。我国近些年也开始推广这一方法，并已经出台了有关技术标准，不久的将来，闭气试验一定要代替闭水试验。但闭气试验也存在弱点，在未覆土前进行试验时，漏点定位较困难，不像闭水试验反映出水渍那么明显。

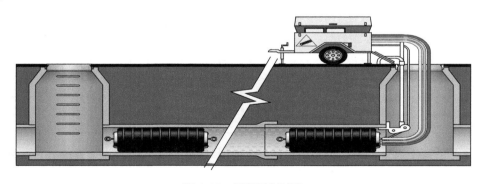

图 3-35 管段闭气试验

闭气试验的操作流程有如下步骤：

（1）对闭气试验的排水管道两端与气囊接触部分的内壁应进行处理，使其清洁光滑；

（2）分别将气囊安装在管道两端，每端接上压力表和充气嘴；

（3）用空气压缩机给气囊充气，加压至0.15～0.2MPa，将管道密封，用喷洒发泡液检查气囊密封情况并处理；

（4）用空气压缩机向管道内充气至3000Pa，关闭气阀，使气压趋于稳定；

（5）用喷雾器喷洒发泡液检查管堵对管口的密封情况，管堵对管口完全密封后，观察管体内的气压；

（6）管体内气压从3000Pa降至2000Pa历时不少于5min，即可认为稳定。气压下降较快时，可适当充气。下降太慢时，可适当放气；

（7）根据不同管径的规定闭气时间，测定并记录管道内气压从2000Pa下降后的压力表读数，记录下降到1500Pa时所需要时间。

按照2008版国家标准《给水排水管道工程施工及验收规范》GB 50268—2008的要求，管道内气压从2000Pa下降到1500Pa为闭气试验的单位压降标准。若气压下降500Pa所用时间长于表3-5规定，则合格。

混凝土或钢筋混凝土管道闭气实验检测标准　　　　　　　　　表 3-5

管径（mm）	管道内压力（Pa）		规定闭气时间 ′ ″
	起点	终点	
300			1′45″
400			2′30″
500			3′15″
600			4′45″
700			6′15″
800	2000	≥1500	7′15″
900			8′30″
1000			10′30″
1100			12′15″
1200			15′00″

注：闭气试验以管段为单位进行。

3. 接口处闭气试验

在整段管中，管道接口的不严密往往是最常见的，特别对于大型及以上管道而言，对每个接口进行逐一检测比整段检测更有效，特别对于已覆土或者已运行的管道，可以排查出哪个接口的问题，而不必整段做完不合格后再去排查，费工费时。我国目前还没有针对接口检测的标准。

接口检测主要器具主要包括：双气囊式检测器（图3-36）、空气压缩机等。

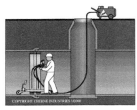
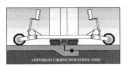
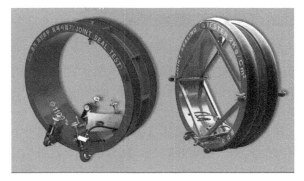

图 3-36　双气囊式管道接口检测器

接口处闭气试验的基本原理参见图 3-37，其操作步骤如下：

（1）实施通风、降水等措施，为人员进管提供前提条件；

（2）清理接口周围敷在管壁上泥沙等脏物，使表面光滑；

（3）按照被测管径大小选择合适检测器具，运至检查井内安装；

（4）推送检测器至管道接口处进行充气，根据管径的不同，充气到相应的压力数值后，停止充气，再测定下降到有关标准规定的压力所需时间，作出是否合格的评定。

图 3-37　接口闭气试验

3.4.3　烟雾试验

烟雾实验（Sewer Smoke Test）是向封闭的管路中送入烟雾，通过烟雾的行踪，找出管道运行中存在问题的检测方法。如图 3-38 所示，在检查井井口处送烟，当该烟雾从管道内的裂隙及浸水部位冒出达到地表时，即可确认该管路有异常，管道出现破裂或渗漏。

图 3-38　烟雾试验原理图

图 3-39　烟雾剂和鼓风机

做烟雾试验除了要准备烟雾发生器之外，还要准备用于送气的井盖型专用鼓风机等配套设备（图 3-39）。烟雾发生器是钢瓶装的专用烟雾生成器，也可用普通拉环式烟雾弹来代替（图 3-40）。

烟雾试验首先要明确检测的目的以及范围，封堵住投放烟雾检查井内的非检测区域的管路，根据管径大小，控制好烟量，路面保持有足够数量的观察员，发现烟雾溢出应及时定位，有条件的地方需要做好标记。若使用普通烟雾弹投掷进检查井，操作人员应该佩戴具有活性炭过滤功能的口罩以及劳防眼镜。烟雾试验一般能发现下列缺陷或问题：

图 3-40 普通拉环式烟雾弹

（1）主管或支管破裂；

（2）检查井损坏；

（3）管道堵塞未疏通；

（4）雨、污管道混接；

（5）不合法的接入。

3.5 其他检测

3.5.1 水力坡降试验

水力坡度，又称比降（water surface slope or gradient），它是指重力流水面单位距离的落差。常用百分比、千分比等比率表示。如管道上 A、B 两点的距离为 1km，B 点的水位比 A 点高 2m，则水力坡度为千分之二。

排水管道的水力坡降试验是通过对实际水面坡降的测量和分析来检查管道运行状况的一种非常有效的方法，也称抽水试验。试验前需先通过查阅或实测的方法获得每座检查井的地面高程，液面高程则在现场由地面高程减去液面离地面的深度得出，各测点每次必须在同一时间读数。

在外业测量结束后，绘制成果图，图上应绘制地面坡降线、管底坡降线以及数条不同时间的液面坡降线。在正常情况下管道的液面坡降和管底的坡降应基本保持一致，如在某一管段出现突变，则表示该处水头损失异常，可能存在瓶颈、倒坡、堵塞或未拆除干净的堵头（图 3-41）。

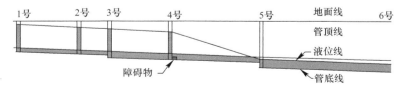

图 3-41 水力坡降图（抽水试验）

水力坡降试验的主要内容包括：

（1）水力坡降检查前，应查明管道的管径、管底高程、地面高程和窨井之间的距离等基础资料；

（2）水力坡降检测应选择在低水位时进行。泵站抽水范围内的管道，也可以从泵前的静止水位开始，分别测出开泵后不同时间水力降线的变化；同一条水力坡线的各个测点必须在同一时间测得；

（3）测量结果应绘成水力坡降图，坡降图的竖向比例应大于横向比例；

（4）水力坡降图中主要要素应包括：地面坡降线、管底坡降线、管顶坡降线以及一条或数条不同时间的水面坡降线。

3.5.2 管道渗漏定位检测技术

排水管道在降低运行水位以后，内渗漏现象容易发现，但满水位时的内渗漏以及低水位时的外渗漏就难以查找。德国一家高科技公司开发研制的一种名叫聚焦电极渗漏定位仪（Focused Electrode Leak Locator，简称 FELL）的仪器（图 3-42），能够在部分地区解决了这一难题。它采用聚焦电流快速扫描技术，通过实时测量聚焦式电极阵列探头在管道内连续移动时透过漏点的泄漏电流，现场扫描并精确定位所有管道漏点。当管道受损时，在地面设置的表面电极和探头上的无线电聚焦电极之间能够形成电流，通过记录电流图并由扫描电镜装置显示读数，能够反映管道受损部位的位置、长度范围甚至微小的异常现象。对上述数据进行统计分析，可将管道分为不同的优劣状况等级，进而根据不同等级提出并选择不同的管道修复方案。聚焦电极渗漏定位仪由于具有效率高且成本低的优势，并且在管道检测时无须事先清洗管道或控制水流，因此在混凝土管、钢筋混凝土管、衬塑钢管或塑料管等渗漏检测的相关应用中能够发挥重要作用。

图 3-42　FELL 渗漏定位仪

它的工作原理如图 3-43 所示，采用专利的聚焦式电极阵列探头，主要由一个中心电极和两个辅助电极组成，产生一个径向的聚焦式交流电流场，分布在 20～80cm 的有限范围内，因此只有当聚焦式电极阵列探头接近管道缺陷点时才会产生泄漏电流，各个漏点呈现独立的电流峰值，从而实现漏点定位的高分辨率和高定位精度。其采用聚焦电流快速检测定位技术，将聚焦式电极阵列探头置于管道内部连续移动，并使用配套的测漏软件实时采集、监测聚焦电流值的曲线变化来进行分析定位出管道的漏点。

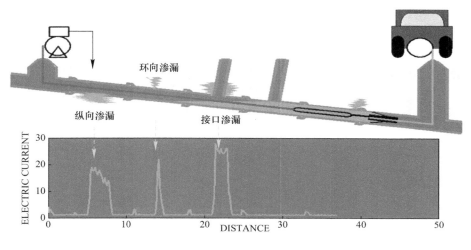

图 3-43　FELL 的工作原理

FELL 有着快速连续扫描排水管道漏点、高效率、高精度、高分辨率等主要优点，通用于有水管道或无水管道。操作简便，现场测量和数据解释一体化，检测结果不依赖于操作者的经验和主观判断，适用于管径 $D150\sim1500mm$ 各种材质的排水管道。但它有也具有较大缺点，比如在高地下水位地区，管道周围土质中含水率很高，该仪器几乎失效，不能找到渗漏点。随着电子技术的不断进步，该项技术也会不断改良，最终能实现多种环境下的排水管道渗漏检测。

3.5.3　管道脱空检测

管道脱空是指由于管道施工、地质环境变化以及渗漏等原因，造成管道周围形成空洞区域。管道形成脱空极易导致路面塌陷，尽早发现脱空的位置及范围，并及时予以处置，可以有效地避免由此而产生的公共灾害。在排水系统中，基本都是渗漏型的脱空，这类脱空，无论其规模大小，都是不允许的。一旦发现，必须及时得到治理。通常解决方法是在管道内部内衬止漏后，采取注浆等填充措施。非渗漏型的脱空，其脱空高度只要不大于0.2m，一般来说，所造成的危害不会很大。常用管道脱空检测可采用雷达技术，分为以下两类：

1. 探地雷达（Ground Penetrating Radar，简称 GPR），又称透地雷达或地质雷达

它是通过在地面上雷达设备的发射天线向地下发射高频电磁波，通过接收天线接收反射回地面的电磁波，电磁波在地下介质中传播时遇到存在电性差异的分界面时发生反射，根据接收到的电磁波的波形、振幅强度和时间的变化等特征推断地下介质的空间位置、结构、形态和埋藏深度。该类雷达在实际应用中，由于管道埋深（空洞位置离地面较远）以及土质电性差异不明显等原因，脱空常不能被明确辨认。

2. 透管雷达（Pipe Penetrating Radar，简称 PPR），又称管道雷达

透管雷达（PPR）是 GPR 在管道内的应用。它是为管道探测专门设计的，它的天线

图 3-44　透管雷达

是在管道内与管壁接触的，更接近于空洞，准确度和发现率大大高于 GPR。PPR 还能结合 CCTV 数据，测量管壁厚度，发现裂缝、空洞以及管道外部其他设施，特别当 CCTV 发现有渗漏时，PPR 可进一步发现是否产生有空洞。PPR 设备（图 3-44）是履带式承载器上安装两个高频天线和 CCTV，天线可以远程控制在 9 和 3 点之间的任何时钟角度位置，同时可以根据管道直径调整伸缩臂。PPR 都有专有分析软件，提供容易理解和识别的图像。

思考题和习题

1. 传统方法通常包括哪几种？每一种的特点是什么？
2. 人员进管进行检测作业，应具备什么前提条件？安全方面应该注意哪些事项？
3. 地面巡视的主要内容有哪些？
4. 对已有资料的空间位置核查包括有哪些项目？
5. 检测球和圆度轴心检测器各自的用途是什么？有哪些相同点和不同点？
6. 闭气试验的原理是什么？它具有哪些优缺点？
7. 潜水员进管检测时，应该注意哪些事项？
8. 试述闭水试验的基本原理及操作步骤。
9. 简述各种简易工具所对应的管径和管道种类范围。

第4章 电视检测

排水管道检测的传统方法总会存在着各种局限性，比如检测结果不直接明了，中小口径管道不能检测，量化的结果较少以及检测结果的不确定性等。针对排水管道隐蔽在地下的特点，带有视频采集的机器代替人的肉眼，进入管道或检查井查询和检测，是必然的选择。就是由于管道内窥检测能够像人一样观看和行走，因此有人就将其称作为管道检测机器人。由于它具有无比的优越性，所以成为排水管道检测领域使用最广泛的方法，利用它对已运行中的管道检测是世界上最常用的办法。

4.1 基本知识

4.1.1 电视检测的含义

电视检测又称为 CCTV 检测（Closed Circuit Television Inspection），是指采用远程采集图像，通过有线或无线传输方式，对无须人员直接到达的内部状况进行显示和记录的检测方法。CCTV 检测最早大约出现于 20 世纪 50 年代，到 20 世纪 80 年代中后期已基本成熟。它被广泛用于各个领域，如各种管道的视频内窥检测、烟囱维修、应急救援等（图 4-1）。CCTV 检测自 20 世纪 60 年代起成为世界上最普遍、高效的排水管道检测手段。

| 管道检测 | 烟囱维修 | 汽车检修 | 地震救援 |

| 设备检测 | 航空检测 | 设备检测 | 锅炉检测 |

图 4-1 CCTV 检测的应用领域

目前，电视检测的检测方式和相配套的设备共有五种，它们分别为：

1. 自行式 CCTV

视频的获取设备和照明灯具由一台爬行器或其他承载器具进入管道内部自带动力行驶

拍摄，长距离、长时间拍摄和记载管内实况。通常有轮式和履带式两种，轮式是目前最常见的方式，通常在排水业界人们所说的CCTV检测就是指的这种方法。履带式的CCTV，由于我国排水管道垃圾较多，在行走过程中容易卡住，使用较少。将CCTV摄像系统安置在带有动力的漂浮筏上，也是自行式CCTV的一种，常被用来检测大型盖板沟渠。

2. 推杆式CCTV

视频摄像头和照明灯用专用软性电缆由人力推送至管道内部，长距离、长时间拍摄和记载管内实况。推杆式CCTV一般都用在小口径管道的检查，在自来水、燃气和电讯等行业得到广泛的应用。

3. 拉拽式CCTV

视频的获取设备和照明灯具搭载在一个无动力的移动承载平台上，诸如雪橇、漂浮阀等，平台与地面人员用绳索相连，靠人力拖拽使平台在管道内移动，从而获取管道内壁图像。拉拽式CCTV能正常实施检测的前提是被检测管段能够穿绳。

4. 手持式潜望镜型

管道潜望镜又名快速电视检测仪，通常称为QV（quick view）或"窥无忧"。摄像头和照明灯具安装在一可伸缩的拍摄杆头，检测人员手持拍摄杆对近距离的管道、检查井等设施进行摄像和记录。它是目前排水行业最常见的检测仪器。

5. 鱼眼式CCTV

鱼眼式CCTV又名Digisewer，它是近几年才引入我国。它是将自行式CCTV的摄像镜头替换成鱼眼摄像镜头，即大广角镜头（图4-2）。检测拍摄时，镜头固定，不作任何动作，所抓取的影像通过专用软件后期制作，得到管道内壁展开后的平面纹理图像（图4-3），判读人员直接观测，并可量测管道缺陷。

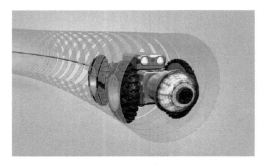

图4-2　鱼眼式CCTV　　　　　　　　图4-3　管道内壁纹理图像

在我国，CCTV和QV用于排水管道检测虽然起步较晚，但近几年在国内很多大中城市发展迅速，已被越来越多的排水业者所熟知，成为检查管渠的必备工具。

4.1.2　工作原理

1. CCTV

如图4-4，CCTV检测工作原理如同医院的"胃镜"检查，摄像机和照明装置被专门承载器具带入对管道内部进行全程摄像，检测人员在地面上远程操作仪器，从不同视角观察和获取管道内部空间的表层清晰影像，对于一些特殊结构和疑似缺陷部位进行重点详细放大拍摄，所有实时拍摄的影像同步保存。专业的检测工程师对所有的影像资料进行判读，运用专业知识和专业软件对管道现状进行分析和评估。获取图像的同时，仪器自动记录时间和承载器移动的实时距离。有些仪器还能实时记录坡度。地面检测人员通过协调操控承载器的动力系统、照明系统和摄像系统，依据有关技术标准的操作要求，完成现场检测。现场检测完成后，还需由专业人员编写管道检测报告，按照目的和要求对被检管道进行评价，为有关决策提供真实和有效的依据。

图 4-4　CCTV 检测原理示意图

从它的工作原理可以看出，除了检测外，CCTV 能够应用在以下方面：

（1）隐蔽点查找与定位：爬行器上加装信标发射器，当显示器上发现暗藏检查井、井盖被覆盖的检查井以及管道暗接处的情形时，即刻停止爬行器移动，另一检测人员持金属管道探测仪进行定位；

（2）修复引导：在实施点状原位固化和不锈钢套筒工法进行非开挖修复工程时，地面人员通过观看 CCTV 监视屏，操纵修复器准确移动到需内衬修复的位置；

（3）穿绳：先将绳索的一端拴在自行式 CCTV 的牵引环上，后将 CCTV 放入检查井，操控让爬行器行至另一端检查井，再取出绳索即可。

2. 管道潜望镜 QV

常规的潜望镜是指从海面下伸出海面或从低洼坑道伸出地面，用以窥探海面或地面上活动的装置。排水管道 QV 检测与潜望镜窥探原理基本雷同，是利用了电子摄像高倍变焦技术，加上聚光、泛光灯组合进行管道内窥摄像检测（图 4-5）。它通过长度可调的手柄将高放大倍数的摄像头放入检查井，代替了人的眼睛，一目了然看清不能被直视的目标。有些 QV 还具备

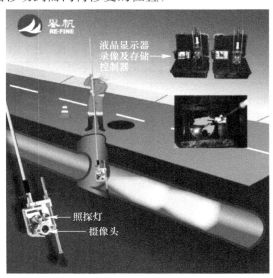

图 4-5　管道潜望镜工作原理示意图

激光测距功能，它是先将光点对准被测物体，然后进行测距读数。由于被测物体差异较大，往往所测到的距离仅作为参考。根据管内光线的情况，能够在直径150～1500mm管道的管口探测管道内部情况，能够清晰地显示管道裂缝、堵塞等内部状况，在光照度足够时，纵深最大可达80m。检测时要求管道内污水或水位不超过管径的1/2。

与CCTV相比较，管道潜望镜检测工作比较简单。由于没有动力系统，无须用发电机供电，仪器所需电力均来自随身携带的可充电电池。由于没有爬行器，也无须对其进行操控的系统。检测人员所操控的项目也大大减少，通常只需控制好灯光和摄像，也有仪器可以远程操控摄像头的俯仰动作。和CCTV一样，QV图像清晰、直观，视频检测结果可记录、可追溯，检测成本低，广泛用于排水支管、雨水连管等长度较短的管段检测，以及排水主管道的淤积情况检测，亦是检测检查井的有效工具。潜望镜检测检查井时，通常是人员操作手柄移动拍摄。在检测管道时，通常是固定在管口静止拍摄。从QV的工作原理不难看出，其存在很多的局限，如：不能检测水面下的情况；管段拍摄很难保证完整；拍摄盲区较多；无法进行定位或定位不准确等。因此，管道潜望镜检测结果不能作为管道结构性评估的依据。

快速电视检测以其操作简便、速度快、省人工等优点，成为管道电视检测的有益补充而被广泛使用。按照其工作原理，快速电视检测还能够应用于：

（1）短距离范围内，可见的影响过水能力的情况；

（2）建筑工地的泥浆等违规排放的视频取证；

（3）通过地面开孔，可用于排水管道渗漏造成的空洞探查；

（4）污染物违法排放摄像取证；

（5）雨污混接点的影像取证。

4.1.3 检测设备

1. CCTV设备组成

自行式CCTV设备一般由摄像系统、控制系统和传输系统三大模块构成。各个模块的具体构件及其功能详见表4-1。

自行式CCTV的构成一览表 表4-1

系统名称	构件名称	组成单元	功能
摄像	摄像头	摄像头、驱动马达、LED小灯组	采集视频图像，镜头具有：光学10倍以上（数字4倍以上）变焦、自动对焦；马达驱动镜头横向270度和环向360度旋转
	灯光	LED大灯组	宽泛角度照明；光照度能远程控制强弱
	爬行器	电机驱动平台、摄像系统承载架	四轮驱动、前进和倒退、转弯；爬坡能力>40度；承载架高低远程可调
控制	主控制器	监视器、电脑、键盘	控制指令；人机交互字幕叠加；时间和距离自动叠加
	录像	内置硬盘和USB外接口	存储视频文件；空间足够大
传输	线缆盘架	圆形绕线盘、盘架、计码器	线缆承载、收放控制；分动力驱动和人工手动；记录线缆长度变化
	线缆	特种专用线缆，一般直径5.5～8.8mm	数据、动力和照明电力传输；抗干扰能力强、抗拉强度高、直径较细、重量较轻

摄像头是 CCTV 的核心，它直接关系到图像的获取质量，20 世纪八九十年代的都是采用模拟式的，现在几乎都是数字式的。我国有关规程要求摄像头应该有变焦功能，但在美国等一些国家也采用固定焦距的，加上承载支架也是固定的，使得整体爬行器重量轻，结构简单，故障率低，价格便宜，也很受业界欢迎。照明系统一般由泛光灯和聚光灯组成，泛光灯为整个拍摄面提供照度，而聚光灯则随动摄像头为拍摄点提供照明。光源有冷热之分，近些年以 LED 为代表的冷光源逐步取代了常规的热光源。爬行器的整体结构如图 4-6 所示。

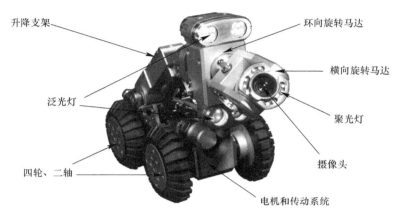

图 4-6　爬行器结构图

线缆系统中的线缆盘有手动、半自动和全自动三种。手动线缆盘全靠人力摇动手柄收放电缆。半自动线缆盘则是电机驱动，当爬行器在管道中前进或倒退时需人工配合按动控制按钮。全自动线缆盘则无须人工干预。CCTV 的线缆不同于一般的电缆，它除了具有传输电信号基本功能外，还具有很强的抗拉能力。

控制系统是将动力、照明、图像摄取和存放的管理集成在一个控制箱内。它一般由集成线路板、变压器、显示器和硬盘等硬件组成。

在发达国家，整个 CCTV 检测系统和供电系统通常集成安装在一辆经过特殊改造的专门汽车上（图 4-7），称之为：CCTV 检测车。我国亦有一些厂家将用户指定的 CCTV 设备装配到普通面包车上，成为管道检测的特种车辆（图 4-8）。

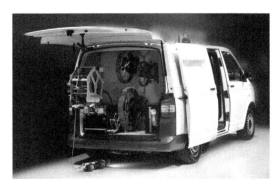

图 4-7　德国 CCTV 检测车

图 4-8　国产 CCTV 检测车

2. CCTV 技术要求

（1）爬行器应满足不同口径

市政排水管道管径多数介于 $D300 \sim D1500$mm 之间，有的甚至更大。目前国内外厂家生产的 CCTV 一般最大能满足 $D1400$mm 口径的管道检测，如果需要检测更大的管道，则需要对设备的灯光和支架进行特殊改造，或定制特殊直径的设备，在国外，就有为大型管渠定制的 CCTV 设备，如图 4-9 所示，加高支架。在管渠有水的情形下，可利用漂浮筏（图 4-10）运载摄像和灯光系统进行检测。

图 4-9　高支架型 CCTV　　　　　　　　图 4-10　漂浮筏型 CCTV

各个国家的检测规范几乎都要求 CCTV 设备的摄像头需尽可能位于管道中心位置，其调节方式因设备而不同，主要分为电动升降式、手动支架式和混合式。光调节支架高度还不够，由于不同管径的管道内空间大小不一，检测大口径管道时需要的灯光强度大，使检测画面明亮且清晰，所以管内空间相适应的灯光强度也是检测设备的必备条件之一。在早期的 CCTV 检测设备中光源一般采用白炽灯，它的能源消耗大，对同轴电缆要求高，光源附近释放大量热量，设备密封有较高的要求，长期使用容易造成灯泡炸裂。随着技术进步，目前越来越多的 CCTV 设备采用 LED 光源，它的能量利用率高、亮度强、寿命长。

（2）结构和密封性

排水管道污水横流，垃圾成堆，恶劣的环境需要 CCTV 检测设备具备坚固的机械结构和良好密封性能。现在的设备一般都能在 -10 至 $+50℃$ 的气温条件下和潮湿的环境中正常工作，国内或国外知名品牌的设备都配有防水系统，但国外设备还配有防爆系统。正常运行的污水管道环境温度介于 $10℃ \sim 25℃$ 之间，但有些特殊的管道，其流体介质有较大的区别，特别是工业污水管，环境温度可能上升到 $60℃$ 以上，流体内存在酸碱度不尽相同，可能给设备带来较大损伤。管道是个密闭空间，含硫有机物在厌氧环境下生成的硫化氢是酸性可溶于水的有毒有害气体，是钢筋混凝土管道受腐蚀的主要威胁，它也会对设备造成一定损害，因此密封性对保证 CCTV 设备正常工作至关重要。目前主流的 CCTV 设备均通过了 IP68 等级的放水性能测试，在水头高度 10m 的情况下仍能正常工作，但长期使用的 CCTV 设备，零部件会老化，特别的防水密封圈需定期检查和更换，设备还需定期维护保养，CCTV 设备坚硬的外壳下有一颗精密的"心"，需要使用者的爱护和良好的使用习惯。防爆系统亦是 CCTV 设备的另一要求，排水管道内常见的可燃气体有硫化氢、一氧化碳、甲烷、汽油等，它们分别的爆炸范围（容积百分比）是：$4.3\% \sim 45.5\%$，$12.5\%7 \sim 4.2\%$，$5\% \sim 15\%$，$1.4\% \sim 7.6\%$，混合气体的爆炸范围更大，社会上也时长听到下水道遇明火爆炸的新闻案例，因此设备的防爆也是重要指标。

（3）线缆盘架

线缆盘架应具备电缆长度计数功能，电缆计数码盘（俗称：计米器）最低计量单位为0.1m，精度误差不大于±1%。长度计数功能是CCTV设备的基本功能之一，它的作用在于缺陷的纵向准确定位，不同的CCTV设备计米器的精度不尽相同，目前主流设备的精度是厘米级的。检测时，一般爬行器在井下就位后就让计米器归零，作为检测的起点，设备的爬行距离即为线缆的释放长度，在实际使用过程中，由于电缆很难做到一直处于紧绷状态，摄像头位置到实际缺陷位置仍有一定距离（几公分至几十公分不等），因此，一般检测缺陷位置允许的误差在0.5m以内。综上所述，对检测设备计米器的精度也就没有那么高的要求了。有的CCTV检测设备的计米器自带校准功能，可根据实际需要选择使用。

（4）爬行能力

爬行能力的标准是当电缆长度120m时，爬坡能力应大于5度。爬坡能力是指爬行器的能爬上坡的角度，绝大多数的市政排水管道都是重力流，其设计坡度一般在1/1000～3/1000之间，因此爬坡能力大于5°的爬行器完全能满足管道内坡度的要求，其实，爬行器的爬坡能力更重要的作用体现在长距离检测时，爬行器不但要克服其自身重力所带来的阻力，还要拖着长长的尾巴（线缆）一同前行，这也是性能优越的CCTV检测设备必备的要素。

（5）坡度测量

坡度测量不是所有的CCTV都具备的功能，坡度数据更多的来自管道设计单位或建设施工单位。坡度测量对于地质条件不稳定，容易发生不均匀沉降的地区，在检测过程中可定量地测量管道"起伏"的程度，是CCTV设备可选配的功能之一，其精度误差不大于±1%。

（6）技术指标

表4-2是住房城乡建设部发布的《城镇排水管道检测与评估技术规程》CJJ 181—2012中CCTV设备的最低标准，随着技术的不断进步，表中的部分参数在未来还会修订。

主要技术指标 表4-2

项目	技术指标
图像传感器	≥1/4″ CCD，彩色
灵敏度（最低感光度）	≤3 勒克斯（lx）
视角	≥45°
分辨率	≥640×480
照度	≥10×LED
图像变形	≤±5%
爬行器	电缆长度为120米时，爬坡能力应大于5°
电缆抗拉力	≥2kN（204.08公斤）
存储	录像编码格式：MPEG4、AVI；照片格式：JPEG

世界第一台CCTV诞生之时，摄像头仅能提供黑白成像，相对于2012颁布的行业标准，当下使用的CCTV设备性能已大大超出上表的要求。比如，主流设备的分辨率能够提供1080P的高清视频信号。电缆长度120m的基本要求是为适应排水管道检查井间距而设计的，一般市政排水管道主井之间的窨井间距在40～60m，顶管施工的管道窨井间距可

能在 80～100m，CCTV 的线缆长度代表了设备的一次性检测距离，理论上，延长线缆的长度并不存在很大的技术难度，但线缆过长对爬行器的爬行能力将会带来极大考验，越长的线缆自身重量越重，在管道底部拖动时的摩擦力也越大，因此，目前主流的 CCTV 检测设备电缆一般在 150～200m 之间，如遇到特殊构造的管道（间距特别长），CCTV 可从两端检查井向中间相向而行的方式检测，其有效检测距离将是线缆长度的两倍。电缆抗拉力也是 CCTV 设备的必要参数之一，在实际检测过程中，可能由于管道内存在砖块、垃圾、结垢等障碍物或者管道发生破裂、脱节等结构性缺陷，致使 CCTV 设备卡在砖块或缺陷的缝隙中无法依靠爬行器自身爬行能力摆脱时，线缆能够承受多大的抗拉力将扮演重要的决定性角色，欧美等发达国家的 CCTV 检测设备，其线缆的抗拉力能够达到 6kN 甚至更大，我国自主生产的 CCTV 设备在这一参数上目前还有一定差距。

3. QV 设备组成

QV 是最早传入我国的管道快速检测设备，QV 管道潜望镜配备了强力聚、泛光源，在光线条件好的情况下纵深可视达到 80m，操作仅需 1～2 人，是目前普及率最高的快速电视检测设备。如图 4-11，管道潜望镜检测设备主要由可伸缩手持杆、支撑杆、高倍变焦镜头、灯光、传输线缆（亦有无线传输）、控制器、可充电型电池组与录像系统组成。

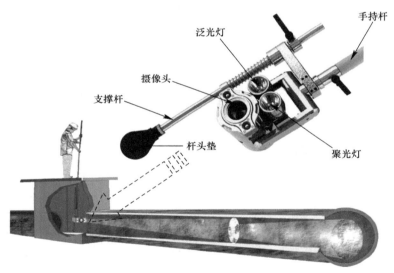

图 4-11　QV 设备组成图

摄像头与主控制器有无线（图 4-12）和有线（图 4-13）两种连接方式。有线连接的QV 是线缆穿过空心手持杆芯将视频采集系统、控制系统以及电池连接起来，整套设备在使用时是一体化的，往往只能是一个检测人员腰挎手拿独自操作。而无线连接的 QV 是视频采集系统和控制系统之间省去了电缆，两系统之间的距离一般可达到 500m，这样可以由两名检查人员操作，实现远程控制。

摄像头的水平方向拍摄角度依靠人转动手持杆来实现。俯仰动作的控制则有手动和电动两种，手动是先扳动摄像头至大概合适位置，然后在摄像头就位后，通过顶住摄像头尾部的突出"尾巴"不断上下微调，直至合适位置。电动是利用电机驱动摄像头作俯仰运动，俯仰角的范围可达到 135 度。

图 4-12　无线 QV 设备　　　图 4-13　有线 QV 设备

QV 实际上是简单版的 CCTV，没有机械传动部分，故障较 CCTV 少很多，维修也比较方便。各个构件及其功能详见表 4-3。

QV 构成一览表　　　表 4-3

系统名称	构件名称	组成单元	功能
摄像	摄像头	摄像头、驱动马达（有的设备无）	变焦、自动对焦、俯仰 135 度。俯仰远程控制（有驱动马达）
	灯光	聚光和泛光各一组	光照度能远程控制强弱
	支撑杆	铝合金单根杆	牢固、不易晃动、多级调节高度
控制	主控制器	监视器、电脑、键盘	人机交互字幕叠加、时间自动叠加
	录像	内置硬盘和 USB 外接口	存储空间足够大
通讯	无线模式	摄像系统和控制系统分别有发射和接收单元	图像数据的无线传输，摄像系统的遥控
	有线模式	特种专用线缆，一般直径 5~8mm	数据通信和输送电能。直径较细、重量较轻
承载	手持杆	中空多节管，每节长 1.2~1.8m	组装便捷、伸缩自如、接口稳固

4. QV 技术要求

按照国家和地方的相关标准要求，QV 设备的技术指标一般都不低于表 4-4 的要求。

管道潜望镜设备主要技术指标　　　表 4-4

项目	技术指标
图像传感器	>=1/4″CCD，彩色
灵敏度（）最低感光度	<=3 勒克斯（lx）
视角	>=45°
分辨率	>=640 * 480
照度	>=10 * LED
图像变形	<=±5%
变焦范围	光学变焦>=10 倍，数字变焦>=10 倍
存储	录像编码格式：MPEG4、AVI；照片格式：JPEG

与 CCTV 设备的基本要求类似，管道潜望镜也是视频成像作为检测结果。不同的是，CCTV 爬行器进入管道内摄像，而管道潜望镜仅将摄像头放在检查井与管道交界处，通过高倍变焦镜头实现不同距离的拍摄，因此潜望镜的镜头变焦能力是设备的主要参数。表中

光学变焦与数字变焦 10 倍，综合变焦 100 倍的基本要求，常见设备均能达到，超过 400 倍变焦能力的管道潜望镜已经逐渐成为主流。除了摄像功能外，有的品牌的管道潜望镜还可以选配激光测距仪、视频眼镜等辅助功能，激光测距仪能够部分弥补潜望镜不能对缺陷准确定位的短板，但准确度不高。

4.2 检测

4.2.1 工作流程

正式开展检测工作前，应该弄清楚检测的目的，根据需求，确定本次检测是结构性的，还是功能性的。不同检测目的，流程是不一样的。利用 CCTV 检测排水管道，大多数都是为了查找结构性问题。要查清楚结构性问题，必须先要对管道进行预处理，即采用各种手段，一定要使被查的管道几乎完全可视，疏通清洗干净，形成开放明了的待检状态。这样的状态一般对未通水的新管比较容易实现，但对已运行的老旧管道，就不那么容易了，封堵降水和疏通清洗往往需要占据大量的工作时间和精力，差不多要占全部检测工作量的三分之二，甚至更多。功能性的检测的工作量相对结构性而言就少了很多，一般用 CCTV 检查养护质量时，被检管道不能做除降水以外的任何预处理工作。在检查树根、结构等特定缺陷时，为方便爬行器行走，必要的疏通还是允许的。轮式 CCTV 在做进入管内功能性检测式，管底淤泥常常起着阻碍作用，使爬行器不能行驶或行驶困难，遇到这种情景时，可换用履带式 CCTV 设备，亦可采用牵拉漂浮筏式 CCTV 检测。工作流程如图 4-14。

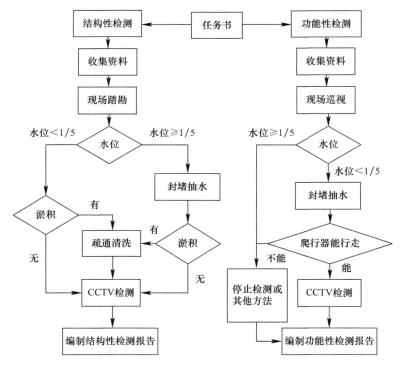

图 4-14 CCTV 检测工作流程图

在实际工作中，不是所有的检测单位都拥有各种方式的 CCTV 设备，一般在满足检测目的的前提下，征得甲方同意后，用 QV 设备来实施检测，其工作流程就相对简化了，如疏通清洗等工作流程可免除。

4.2.2 检测准备

1. 资料收集

收集资料是为了了解管道的基本信息，如建设年代、管材、管径、连接关系等，为制定切实可行的施工计划做准备，也为编制检测评估报告收集道路交通状况信息、管道重要性信息和土质情况信息。主要有：

（1）现有排水管线图；

（2）管道竣工图或施工图；

（3）已有管道检测资料；

（4）评估所需相关资料。

2. 现场踏勘

（1）察看测区的地物、地貌、交通和管道分布情况；

（2）目测或工具检查管道的水位、积泥等情况；

（3）复核所搜集资料中的管位、管径、管材、连接关系、流量等信息。

3. 编制实施计划

编写实施计划书是检测工作的重要环节，它的符合性好坏直接关系到检测工作是否得以顺利实施，内容主要包括：

（1）项目概况：检测的目的、任务、范围和期限；

（2）现有的资料分析：交通条件、管道概况；

（3）技术措施：管道封堵和清洗方法、检测方法；

（4）辅助措施：应急排水措施、交通组织措施；

（5）保质措施：作业质量保证体系、质量检查；

（6）工期控制：工作量估算、工作进度计划；

（7）保障措施：人员、设备和材料计划；

（8）问题和对策：特殊缺陷、未检情况、其他问题、处理建议；

（9）成果资料清单：各种检测表、缺陷发布图、检测和评估报告等。

4.2.3 现场检测

1. CCTV 检测

（1）设备自检

设备下井检测前应检查设备状况，检查内容包括仪器设备的尺寸是否与待检测管道管径的匹配，仪器的计米器是否已校准，灯光及辅助光源调节，摄像头高度调节，显示系统与录像存储系统是否处于正常工作状态，仪器内压是否正常等。

（2）设置安全警示标志

一般市政排水管道铺设于城市快车道、慢车道、人行道、绿化带下，其中铺设于车行道下的情况居多，检测施工作业须占用检查井井口附近一个车道的宽度，长度则根据检测车的大小情况而定。安全警示标志可采用路锥加三角红旗、施工护栏等方式维护，夜间施工还应配有闪烁警示灯和必要的照明。

（3）封堵降水措施

电视检测应尽量不带水作业，当现场条件不能满足时，应当采取降低水位措施，使管道内水位不大于管径的20%，以便被拍摄对象尽量暴露，保证检测画面能较完整地展现管道内部情况，使检测结果真实可靠。配合CCTV检测的中小口径管道临时封堵多以气囊封堵为主，亦可采用机械式管塞、潜水砖砌封堵等方式。降水措施通常是指利用安置在下游检查井内的水泵将被检测管段的水就近抽调到同属性的其他管道，一般都会送至下游的检查井里。有时候现场不允许这样做，那就要另外选择排放点，该排放点必须保证不能污染环境。

（4）疏通清洗

在实施结构状况检测前应对管道进行疏通、清洗，管道内壁应无污泥覆盖，才能获得管壁的实际影像，保证检测结果的可靠性。排水管道检测前的疏通清洗质量决定了检测成果的质量，高压清洗专用车（图4-15）是必备设备，人工清淤只是辅助手段。在淤泥量很少的情况下，也可采取清洗和检测同步进行，但这要使用与高压清洗车配套的CCTV检测射水头（如图4-16所示，Envirosight提供）。

图4-15　高压清洗车

图4-16　CCTV检测射水头

（5）拍摄方法

1）拍摄看板和标志物

在对每一段管道开拍前，须先拍摄看板图像，看板上应写明道路或被检测对象所在地名称、起点和终点编号、管道属性、管径以及时间等信息。这样做的目的一是为了方便外业施工和内业报告编制之间的交接工作的顺利进行；二是降低了人工编号发生的井号错误和录像错误的可能性；三是便于后期质检人员的工作开展；四是发现问题后便于问题的可追溯所做的必要的记录工作。除了检测前必须先拍摄看板外，还要求拍摄地面明显标志物，连续拍摄至管内不中断，直至整个被检管段末端。

2）摄像头高度控制

如图4-17所示，圆形或矩形排水管道摄像镜头移动轨迹应在管道中轴线上，"蛋形"管道摄像镜头移动轨迹应在管道高度三分之二的中央位置，偏离不应大于±10%。缺陷的判读与摄像角度密切相关，比如管道错口，如果摄像镜头偏离管道中心过大，极有可能将管道脱节或在许可范围内的脱节判读成错口。摄像角度的偏差会给内业判读与评估带来不利的影响，因此，适当调节摄像头高度使其位于管道中心位置将为管道评估打下良好基础。

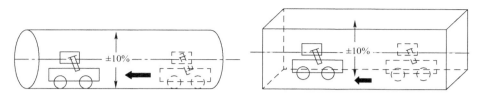

图 4-17　摄像头移动轨迹示意图

　　调节摄像头高度的方法除了抬升或降低爬行器上升降支架外，还可以通过调换不同直径的轮组或用加宽器来加宽轮距来实现。

　　3）主控制器操作

　　首先将远程控制彩色 CCTV 检测车送入已清洗好的排水管道内，将管道内的状况同时传输到电视监视屏幕和电脑上。操作人员通过主控制器的键盘或操纵杆边操作爬行器移动和摄像头姿态边录制成数字影像文件（mp4/mpg/avi 等），同时存储在电脑硬盘内。主控制器监视屏幕上的字段含义见图 4-18，不同型号 CCTV 设备的显示形式有所不同，但包含的要素几乎差不多。

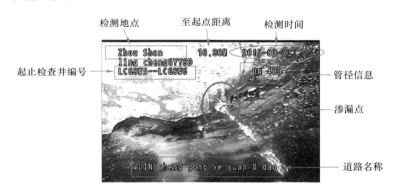

图 4-18　监视屏显示示例

　　若在监视器中发现特征或异常点时，操作人员将其位置、方位、特征点和缺陷的代码等信息记录下来，并抓拍照片存入电脑内。以我国规程为例，这些特征或异常点主要包括：

　　① 操作状态类：开始（KS）、结束（JS）、入水（RS）、中止（ZZ）等；

　　② 特殊结构：暗井（MJ）、修复（XF）、检查井（YJ）、变径（BJ）等；

　　③ 缺陷类：结构性、功能性。

　　通过操作主控制器上的各种功能键钮（图 4-19）来控制检测过程中的摄像方式，摄像方式通常采用两种模式。一种称为直向摄影（forward-view inspection），即摄像头取景方向与管道轴向一致，且图像垂直方向保持正位，在摄像头随爬行器行进中通过控制器显示和记录管道内影像的拍摄模式，爬行器移动时不能变换拍摄角度和焦距。另一种称为侧向摄影（lateral inspection），即爬行器停止移动，摄像头偏离管道轴向，通过摄像头的变焦、旋转和俯仰等动作，重点显示和记录管道某侧或部位的拍摄模式。直向摄影是检测过程中的常态模式，当发现有异常情形时，应切换成侧向摄影模式，为了异常点拍得更准确，进行侧向摄影时，爬行器需停留 10 秒以上，并变化拍摄视角和焦距，以获得清晰完整的影像。

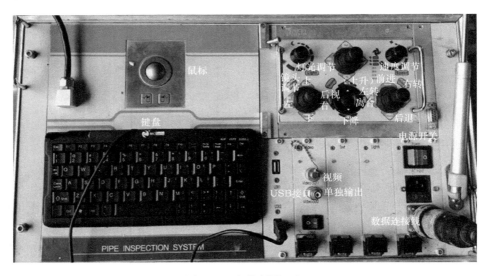

图 4-19　主控制器面板

4）爬行器行进速度控制

为获得清晰、稳定的检测画面，避免画面拖尾模糊、现象，同时容易忽略管道内部存在的细微裂缝或其他轻度的缺陷，进而导致检测结果不能真实反映管道的运行状态。各国对爬行器的行进速度都有明确规定，如新西兰：当管径≤220mm 时，速度为 0.05～0.10m/s（3.0～6.0m/min）；当管径 225～300mm 时，速度为 0.05～0.15m/s（3.0～9.0m/min）；当管径>300mm 时，速度为 0.10～0.20m/s（6.0～12.0m/min）。我国规程规定：管径小于等于 200mm 时，直向摄影的行进速度不宜超过 0.1m/s；大于 200mm 时，直向摄影的行进速度不宜超过 0.15m/s。行进速度在很多 CCTV 设备上具有实时显示和记录功能，没有此功能的设备，可以从时间和距离计算得知。

5）异常画面的处置

现场监视器发现异常情况，对其全方位拍摄、准确定位、赋予性质和程度、测量出规模，是 CCTV 检测过程中最核心工作。在国外，这一系列工作都是在检测现场完成的，比如直向摄影时发现有某一种缺陷，立即停止爬行器移动进行侧向摄影，依据标准，键入缺陷代码、等级和环向位置，截获照片，自动获取纵向距离。设备自动获取的纵向距离，应该通过线缆上提前做好的刻度标记予以确认。而在我国，由于城市交通拥挤不堪，占道检测的时间段非常有限，通常的做法是现场只拍摄画面，回到室内再阅片判读。

（6）拍摄终止

爬行器无法行进的情况会经常出现，导致其无法行走的原因很多，管道破裂或塌陷、砖头石块、接口处脱节、暗井、管道变形等都会阻拦爬行器的行驶，有时爬行器会卡在缺陷处无法摆脱。遇此情景，通常可从另外一端检查井再次进入管道内拍摄，尽可能让受检管道影像资料完整。若再次受阻，那只好放弃本次检测工作，等经过处理具备检测条件后再予以实施。

有时爬行器能够行驶，但获取不了符合标准的图像。摄像头进入水面以下、镜头上沾有水沫或泥浆、管道内充满雾气等情形都会使图像模糊或一片白茫茫，出现这一情况时，首先就要终止检测，退回检测爬行器，采取有效措施，如擦拭镜头、高压水冲洗和鼓风等，直到满足 CCTV 检测作业条件后再进行检测。

2. QV 检测

（1）拍摄准备

设置安全路锥，打开井盖，目测管口中心点至井底的距离，调整支撑杆至合适高度。打开设备电源进行自检，检查各项控制功能是否有效，图像质量是否清晰。调整手持杆的长度，使之和井深相匹配。

（2）拍摄标志物

选定检查井周边可视范围内的固定参照物作为标志物，将此作为起始拍摄点，启动录制按钮后，将 QV 摄像头放到井下拍摄位置时，应保持不间断摄像，直至拍摄结束。标志物一般能准确辨认，可选择建筑物、大门、桥体、广告牌、门牌号等固定物体和标记，市政道路上行树、电线杆、桥墩等太过于重样，不宜作为标志物。若遇到周围空旷无参照物的情形，可以用油漆在检查井附件合适的位置写明该井编号，初始拍摄该编号亦可。

（3）拍摄录像

将摄像头头摆放在管口并对准被检测管道的延伸方向。当水位低于管道直径 1/3 位置或无水时，镜头中心应保持在被检测管道圆周中心。当水位不超过管道直径 1/2 位置时，镜头中心应位于管道检测圆周中心的上部。根据画面的清晰度，调节灯光亮度，通常拍摄近距离画面时，光照度要调低，反之则要调高。

拍摄管道内部状况时，通过拉伸镜头的焦距，连续、清晰地记录镜头能够捕捉的最大景深的画面。拍摄时，变动焦距不宜过快。拍摄缺陷时，应保持摄像头静止拍摄 10 秒以上。典型的 QV 操作面板见图 4-20。

图 4-20　QV 控制面板

（4）拍摄终止

QV的拍摄纵深通常受管道内干净程度、阴晴天光线以及管径等因素的影响，往往拍摄的景纵达不到设备厂商所提供的数据（通常是80m），这时，就有可能检测不到原计划的管段，只好终止拍摄，或者换一座检查井从反方向拍摄。

和CCTV的道理一样，摄像镜头自身的脏物和管道内雾气都有可能造成摄像质量不高或完全成废片，所以必须暂时停止拍摄，待处理好条件具备后再拍。

4.2.4 缺陷判读与表达

1. 缺陷规模

缺陷规模是指缺陷在管道内所覆盖面积的大小，它有四种形态，即点、线、面和立体。点状缺陷通常是指其纵向延伸长度不大于0.5m的缺陷，环向长度可不必考虑，常见的缺陷如渗漏、密封材料脱落等。线状缺陷通常是指纵向延伸长度大于0.5m，且边界清晰而又呈线状的缺陷，常见如裂纹。面状缺陷相对线状缺陷而言，边界一般比较模糊，形状不规则，表现出成片的状态，比较典型的如腐蚀、结垢等。立体状的缺陷一般是指管道内的堆积物，比如淤积、障碍物等。

2. 空间位置表达

如图4-21所示，缺陷定位和规模是通过对其空间位置的表达而展现出来的。缺陷沿管道轴线方向延伸之起、止点位置以及延伸距离的确定称为纵向定位。纵向定位数据的准确性至关重要，它关系到今后整改对象所在位置的准确度，若出现偏差会带来重大经济损失，如在开挖修复时，开挖区域未发现缺陷所在，造成不必要的浪费。CCTV设备自动获取的纵向距离有时存在较大误差，为了避免这一错误的产生，通常的做法是先在线缆上做好刻度标记，检测过程中随时和显示的距离数值校核，若发现差异较大应予以修正。对于已录制好影像资料，应该测量出修正值并予修正，保证最后成果准确无误。纵向定位距离的最小单位是0.1m，其精度通常要求在±0.5m以内。也有的国家规定更高，如新西兰就规定显示的摄像机位置精度不能超过±2%或者±0.3m。

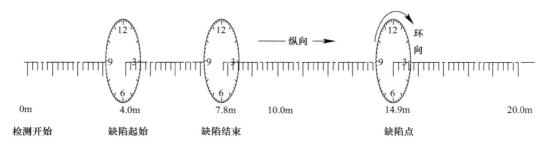

图4-21 缺陷空间位置表达示意图

缺陷沿圆周方向分布之起止位置以及覆盖范围的确定称为环向定位。国际上通常将缺陷的环向位置以时钟的方式用四位数字来表达，称之为时钟表示法，我国也采用这种方法。前两位数字表示从几点开始，后两位表示到几点结束。如果缺陷处在某一点上（通常没超过一个小时的跨度）就用00代替前两位，后两位数字表示缺陷点位。最小记录单位都为正点小时。示例见图 4-22。环向定位的精度要求比纵向定位的要求低，原则上不要出现完全象限型的错误都能满足今后整改的要求。用时钟表示法确定的环向位置是记录缺陷的很重要参数之一，必须填写在现场缺陷记录表之中。

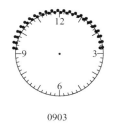
0903

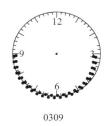
0309

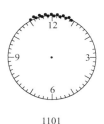
1101

0010

图 4-22 时钟表示法

不同的缺陷规模（覆盖范围）记录的要求是不一样的，详细要求见表 4-5。

缺陷规模记录要求表

表 4-5

缺陷规模	纵向起点刻度	纵向止点刻度	环向时钟起点	环向时钟止点
点状缺陷	记录	不记录	记录	不记录
线状缺陷	记录	记录	记录	不记录或记录（大于 1 小时）
面状缺陷	记录	记录	记录或变化大于 1 小时	记录
立体缺陷	记录	记录	记录或记录高度	记录或记录高度

3. 缺陷代码

在很多国家，几乎所有缺陷代码都是针对 CCTV 检测方式的，我国规程规定采用其他方式检测出的缺陷也可用相应代码记录。为便于现场快捷记录和计算机管理，在一个国家或一个城市通常规定一套统一的缺陷代码标准，这样做还可以实现信息互通和数据共享。比较常见的是用缺陷种类的英文单词或拼音首个字母搭配而成，通常为数个字母组成，也有的国家直接用当地语言简单表述。我国上海等地方上目前采用的编码原则是缺陷汉字的汉语拼音的首个字母的结合，如腐蚀（Fu Shi），编码为：FS。编码的另一条原则是不同缺陷（有的国家含等级）的编码不能相同，即唯一性原则。每种缺陷都有轻重或者大小之分的程度，以中国和丹麦为代表的代码标准是在各大类型缺陷代码下，再分 1～4级，在代码中不体现缺陷等级。而以英国和欧盟为代表的是代码直接代表缺陷种类和缺陷等级，分为 A、B、C、D 四级或者分为三级。在缺陷形式方面，中国等国家的代码不再进行细分，而英国等依据缺陷的走向及分布现状进行细分。英国和欧洲一些国家在欧盟标准体系中，除了和中国、丹麦等相同缺陷种类外，还针对管材的特点，增加了部分缺陷代码，如砖块损失、砂浆脱落、焊接开裂等。表 4-6 中列举了部分缺陷的中国、英国和欧盟等国家或组织的代码标准。

部分典型缺陷代码对照表 表 4-6

类型	细分名称	英国	欧盟	中国	丹麦	注释
破裂	纵向裂纹	CL	BAB.B.A	PL	RB	管道由于外力、自身质量以及管龄超期等各种原因致使发生破裂。一般表现形式为纵向、环向和复合向。在欧盟标准里，还增加了表面裂纹的环、纵、复合和螺旋等 4 个代码，即 BAB.A.A（B\C\D）。破裂是管道结构性病害中最重要的一类，在很多国家标准中，分类都较其他缺陷详细
	环向裂纹	CC	BAB.B.B			
	复合向裂纹	CM	BAB.B.C			
	纵向裂口	FL	BAB.C.A			
	环向裂口	FC	BAB.C.B			
	复合向裂口	FM	BAB.C.C			
	破裂变形	B	BAC.A			
	破裂空洞	H	BAC.B			
	坍塌		BAD.D			
错口	中度	JDM	BAJ.A	CK QF	FS	接口处的垂直于轴向的位移。中国标准将竖向位移称为"起伏"
	重度	JDL				
脱节	中度	OJM		TJ	AS	接口处的沿轴向位移。其实时是水平和竖向位移同时出现
	重度	OJL				
腐蚀剥落	重度	SSL	BAF.B	FS	KO	我国称为腐蚀，有的国家称为剥落。腐蚀实际是原因，剥落是结果
	中度	SSM				
	轻度	SSC				
树根	大量	RM	BBA.C	SG	RO	
	少量	RF	BBA.B			
渗漏	滴漏	ID		SL	IN	渗漏是 CCTV 所拍摄到的现象，它的出现只表明管道不严密，但不严密的管道不一定有渗水现象
	涌漏	IR				
	喷漏	IG				
结垢	轻度	EL		JG	UF	结垢往往黏附在隔壁上各类硬性或软性有机或无机物。有时去除比较困难
	中度	EM	BBA.A			
	重度	EH				
沉积	碎片	DE	BBC.B	CJ	AF	沉积的特点是易移动的且一般在管道下半部形成。通常有软质和硬质两类
	淤泥	DES	BBC.A		AL	
	油脂	DEG	BBB.B			
支管	暗接	CXI	BAG	AJ		接入不规范

4. 缺陷判读

无论是在现场通过监视器实时查看，还是在室内以正常播放速度观看影片判读，发现缺陷，必须仔细判读，对照规范上标准图片，确定代码和等级，剪截典型画面并储存记录。一般来说，一处缺陷表述主要有以下几部分组成（表 4-7）：

（1）基本信息：测检地点、道路名称、管段信息、检测时间和缺陷距起点距离等；

（2）缺陷标注：详细标出缺陷在图片中的位置；

（3）代码和等级：判定出缺陷的代码和等级；

（4）环向位置：时钟表示法确认。

	CCTV 检测缺陷判读表	表 4-7

管段编号	W5～W6
图片编号	03
缺陷代码	PL/SL
缺陷等级	3/3
距离	10.8m
时钟表示	0012
缺陷描述	3 级（破裂）：管道材料破裂。3 级（线漏）：水持续从缺陷点流出

检测地点：舟山市；道路名称：临城工业园 8 道；管段：W5～W6；管径为：400mm；缺陷位置：距离开始处 10.80m。

判读依据：标准图。

相比于 CCTV 检测，QV 检测图片中出现的信息相对较少，通过图片只能大概地看出管道可视范围内存在的缺陷。

4.3　评估

评估是根据排水管道缺陷、环境、影响范围以及整改难度等实际情况，采取事先规定好的标准模式，来对管道结构或运行养护等状况进行评价估量，从而为排水管道的修复和养护等工作提供指引。也有不少国家在对管道结构状况或运行状况评估时，不考虑环境和影响范围等其他因素，只进行分级、记录和评估管道本身的缺陷，至于此缺陷影响面有多广，影响程度有多大，一律不加以考虑。我国现在的评估还是"就事论事"，即以 CCTV 拍摄到的现实影像为依据，评估缺陷对当下的危害程度。而在个别发达国家，排水管道的预期评估已开始进行研究或者用于实践，它在现有评估的基础上，增加了壁厚、粗糙度和管材疲劳测定的内容，从而实现对管道生命周期的预评估。归纳当今世界上评估体系，主要有积分法、评分法、权重法和简易法四种。

4.3.1　积分法

积分法最具代表的国家是英国，在我国香港地区也采用这一评估模式。它是将每一个缺陷对照标准图确定属性和程度，查出相对应的分值，然后做简单相加，以最后积分的多少来评估管道的现状。同一缺陷点（纵向延长小于 0.1m）上多种缺陷的分值累加。英国水研究中心（WRC）于 1980 年颁布了《排水管道状况分类手册》，目前该手册已发行了第五版。该手册将管道内部状况分为结构性缺陷、功能性缺陷、建造性缺陷和特殊原因造成的缺陷。在 CCTV 检测中主要需要关注的是结构性缺陷和功能性缺陷。该手册将结构性缺陷分为管身裂痕、管身裂缝、脱节、接头位移、管身断裂、管身穿孔、管身坍塌、管身破损、砂浆脱落、管身变形、砖块位移、砖块遗失共 12 项；将功能性缺陷分为树根侵入、渗水、结垢、堆积物、堵塞、起伏蛇行共 6 项。以结构性缺陷为例，各种类型和等级的缺陷分值见表4-8。

非砖砌结构性缺陷点分值表

表 4-8

缺陷	编码	特征	分数
脱节/开口	OJM	小于管壁厚度	1
	OJL	略小于管壁厚度	2
		若从开口可以见到土壤	165
错口	JDM	小于管壁厚度	1
	JDL	略小于管壁厚度	2
		可见土壤	80
裂纹	CC	环向	10
	CL	纵向	10
	CM	复合向	40
		螺旋形	40
裂缝	FC	环向	40
	FL	纵向	40
	FM	复合向	80
		螺旋形	80
断裂	B		80
孔洞	H	覆盖范围<1/4 周长	80
		覆盖范围≥1/4 周长	165
塌陷	无	×	165
剥落	SSC	轻度	5
	SSM	中度	20
	SSL	重度	120
磨损	SWS	轻度	5
	SWM	中度	20
	SWL	重度	120
密封环侵入	无		5
维修不彻底	无	覆盖范围<1/4	80
		覆盖范围≥1/4	165
焊接开裂（塑料）		纵向	40
		环形	40
		螺旋形	80
焊接开裂（钢）		纵向 *	10
		环向	10
		螺旋形	40
变形	D	0～5%	20
		6%～10%	80
		>10%	165

查表计算得出以下数据：

（1）管段的最高分数；

（2）管段的总分数；

（3）各检查井井段的平均分数（合计分值/井段数）。

依据各管段的最高分数所属的分数范围划分 5 个状况级别。划分标准见表 4-9。

结构状况分级标准 表 4-9

分级	最高分数
1	<10
2	10～39
3	40～79
4	80～164
5	≥165

4.3.2 评分法

评分法是将影响养护作业的缺陷种类和程度按一定标准设定 0～10 分值，分值越大表明缺陷严重程度越高，养护作业难度越大。在英国等一些欧洲国家，影响养护作业的缺陷评估（类似我国功能性评估）采取这一模式。各种缺陷点的分值详见表 4-10。

作业难度缺陷分值一览表 表 4-10

类型	欧洲编码	英国编码	特征	缺失比例（%）	分数
根	BBA B	RF		<5%	1
	BBA A	RT		5%～20%	5
	BBA C	RM	聚集	20%～50%	2
				50%～75%	4
				>75%	10
疤/比例	BBA A	EL/ESL	轻	<5%	1
		EM/ESM	中	5%～20%	2
		EH/ESH	重	>20%	5
瓦砾和淤泥	BBC A	DES	瓦砾或淤泥	<5%	1
	BBC B	DE		5%～20%	2
				20%～50%	5
				50%～75%	8
				>75%	10
油脂	BBB B	DEG	油脂	<5%	1
				5%～20%	2
				20%～50%	5
				50%～75%	8
				>75%	10
插入侧管	BAG	CNI	插入部分占直径的百分比	<5%	1
				5%～20%	2
				20%～50%	5
				50%～75%	8
				>75%	10
侵入密封材料（环）	BAI A A	—	未侵入		1

类型	欧洲编码	英国编码	特征	缺失比例（%）	分数
	BAI A B	—	中心以上吊环		5
	BAI A C	—	中心以上吊环		8
	BAI A D	—	断裂		2
侵入密封材料（其他）	BAI B	—	其他密封	5%	1
				5%～20%	2
				>20%	5
堵塞	BBE	OB	—		10

查表得出每个缺陷点的分值后，纵向缺陷不超过1米的分值相加，计算出管段最高分值和平均分值（总分值/段数），依据表4-11，可查出被检测管段和区域的作业养护作业难度。共分为5个级别，1级表示管道通畅状况很好，几乎不用养护，无作业难度。5级表示状况很差，作业难度极高。

作业难度分级标准　　　　　　　　　　　　　　表4-11

级别	最高分数	平均分数
1	<1	<0.5
2	1～1.9	0.5～0.9
3	2～4.9	1～2.4
4	5～9.9	2.5～4.9
5	≥10	≥5

4.3.3 权重法

权重法是通过对照标准图查取各种缺陷以及等级的单位权重，乘以缺陷的体量，再加入相关因子的累加，按规定的方程式计算出一个0～10的数值，这个数值称为修复指数（RI）或养护指数（MI），数值越大表明缺陷越严重，需要处置的紧迫度越强烈。丹麦是最早采用这种模式的国家，1987年9月份出版了第二版《排水管道电视检测标准定义及图样》，该标准中排水管道评估体系主要对CCTV检测结果进行了分析评价，主要包括对管道各种缺陷标准的定义、缺陷部分的电视检测图样以及修复指数的确定。上海市于2005年发布的《上海市公共排水管道电视和声呐检测技术规程》采用了这种评估体系。

1. 缺陷种类和等级

以丹麦为例，缺陷的严重程度分成1、2、3、4个级别，分别代表轻微、中等、严重和重大。每种缺陷分成1～4个不等级别，详见表4-12。

缺陷类型及等级数（丹麦）　　　　　　　　　　表4-12

缺陷类型	缺陷名称	等级	解释
结构缺陷	裂缝	1～4	1. 裂纹；2. 裂口；3. 破碎；4. 坍塌
	变形	1～3	1. <5%；2. 2.5%～15%；3. >15%
	接口错位	1～4	CCTV图像呈"半月形"。轻度错位：1. 少于管壁厚度1/2；2. 中度错位：处于管壁厚度1/2及1/1之间；3. 严重错位，是指错位为管壁厚度1/1及2/1倍；4. 如错位为管壁厚度2倍以上

缺陷类型	缺陷名称	等级	解释
结构缺陷	脱节	1~4	1. 轻度脱离：脱离少于管壁厚度 1/2；2. 中度脱离：处于管壁厚度 1/2 及 1/1 之间；3. 严重脱离：脱离为管壁厚度 1/1 及 1/2 倍。4. 脱离为管壁厚度 2 倍以上时
	胶圈脱落	1~4	1. 可以看见接口材料，但并不妨碍流量。时钟盘小于 1h（15°）； 2. 接口材质在管道内水平方向中心线上部可见。时钟盘多于 1h（15°）； 3. 接口材质或部分材质可在管道内水平方向中心线下部可见； 4. 悬挂在管道底部的橡胶圈会造成运行方面的重大问题
运行缺陷	树根	1~3	1. 小部分横截面；2. 中部分横截面；3. 大部分横截面
	渗漏	1~3	1. 渗漏/滴水：在管道内发生渗漏/滴水，可以在管壁上观测到； 2. 流水：水持续从故障点流出或因压力而发生喷射现象； 3. 带压水：水从故障点涌出或大量喷射出来
	结垢	1~3	1. 小部分横截面；2. 中部分横截面；3. 大部分横截面
	淤积	1~3	1. 小部分横截面；2. 中部分横截面；3. 大部分横截面
	腐蚀	1~4	1. 轻度：管壁稍受影响且暴露出混凝土的细砾； 2. 中度：混凝土的细砾明显暴露； 3. 重度：混凝土的细砾完全暴露，开始出现裂缝； 4. 严重：管道被完全侵蚀/侵腐，故障应被定义为等级 4
	水潭、水洼	0/0	管道内的水无流量，呈停滞状态。表明垂直方向的接口未校准或管道已开始阻塞。应记录充满度
	障碍物	1~3	管道内坚硬的杂物会降低管道的流量，如石头、柴枝、树枝、遗弃的工具、破损管道的碎片等。 1. 在检测中，除去障碍物体（除去管道内的物质）； 2. 在检测后，障碍物体仍位于管道内，但改变了方位； 3. 在检测后，障碍物体仍位于相同方位，未发生变化且仍影响管道内的水流量。 应在备注栏内记录障碍物体的类型及横截面面积的缩减比率。在检测中，坚固的障碍物体变得较为松软时，应定义为等级 2
特殊缺陷	预制暗接口	0~3	0. 正确的侧向连接； 1. 侧向连接的小缺陷； 2. 侧向连接的中部缺陷； 3. 侧向连接的重大缺陷
	凿洞暗接口	0~4	0. 正确凿开侧向连接； 1. 凿开侧向连接所发生的缺陷或支管强行连接主管直径达 10%~20%； 2. 凿开侧向连接的中间缺陷或支管强行连接主管直径达 10%~20%； 3. 凿开侧向连接的重大缺陷或支管强行连接主管直径达 20%以上； 4. 如支管接触到主管，应定义为等级 4
	轴线不重合	1~3	管道的中心线偏离两个人井之间的设计直线。 1. 小部分未校准，也就是指小于 11 1/4°； 2. 中部分未校准，也就是指处于 11 1/4° 及 22 1/2°； 3. 大部未校准，也就是大于 22 1/2°。 应用时钟盘来表示中心线的方向性改变

2. 权重

权重是一个相对的概念，针对某一指标而言。某一指标的权重是指该指标在整体评价中的相对重要程度。权重是要从若干个缺陷评价指标中分出轻重来，一组评价指标体系相对应的权重组成了权重体系。权重数值一般采取主次指标排队分类法和专家调查法来确定，即根据缺陷影响大小先进行排队，然后专家调查考核，最终设置权重。权重的设置具有明显的地区性特点，某种缺陷在有的地区很严重，但在放在另外地区就未必。所以在制定标准时，必须结合各地方的环境特点，确定较适宜的权重指标。表 4-13 和表 4-14 分别列出了丹麦和上海的缺陷类型和等级相对应的权重指标。

缺陷等级及权重体系一览表（丹麦）   表 4-13

缺陷	缺陷等级及权重				计量单位
	1	2	3	4	
裂缝/断裂	0.20	1.00	4.00	12.00	个（环向）或米（纵向）
变形	0.10	0.50	2.00	2.00	个（环向）或米（纵向）
接口错位	0.15	0.75	3.00	9.00	个
脱节	0.15	0.75	3.00	9.00	个
胶圈脱落	0.15	0.75	3.00	3.00	个
树根侵入	0.15	0.75	3.00	3.00	个
渗漏	0.15	0.75	3.00	9.00	个
结垢	0.05	0.25	1.00	1.00	米
淤积	0.15	0.75	3.00	3.00	个（点）或米（纵向）
腐蚀	0.15	0.75	3.00	9.00	米
洼水	0.01	0.05	0.20	0.60	米
障碍物	0.00	1.00	1.00	1.00	个
油脂	0.05	0.25	1.00	1.00	个
预制暗接	0.05	0.25	1.00	1.00	个
凿洞暗接	0.05	0.25	1.00	3.00	个
蛇形	0.05	0.25	1.00	1.00	个

结构性缺陷等级及权重体系一览表（上海）   表 4-14

缺陷代码、名称	缺陷等级及权重				计量单位
	1	2	3	4	
PL 破裂	0.20	1.00	4.00	12.00	个（环向）或米（纵向）
BX 变形	0.10	0.50	2.00		个（环向）或米（纵向）
CW 错位	0.15	0.75	3.00	9.00	个
TJ 脱节	0.15	0.75	3.00	9.00	个
SL 渗漏	0.15	0.75	3.00	9.00	个或米
FS 腐蚀	0.15	4.75	9.00		米
JQ 胶圈脱落	0.05	0.25	1.00		个
AJ 支管暗接	0.75	3.00	9.00	12.00	个
QR 异物侵入	0.75	3.00	9.00		个

3. 修复指数计算

修复指数（RI）是 0~10 的一个数值，通常表示为小数点后一位数，数值越大表明修复的紧急程度越高，反之则越低。RI 的计算方法遵循下列方程式：

$$RI = F \times f + D \times d + K \times k + E \times e + G \times g + \cdots\cdots \tag{4-1}$$

其中 F、D、K、E、G 等是范围 0～10 的参数；f、d、k、e、g……为管道本身缺陷以及其他影响修复紧急程度因素的权重，总和为 1。其中结构性参数 F 按以下公式计算：

$$当 S<40 时，F=0.25×S \tag{4-2}$$

$$当 S>40 时，F=10 \tag{4-3}$$

式中，损坏状况系数 S 按以下公式计算：

$$S=100×(P1×L1+P2×L2+⋯+Pn×Ln)/L(4.4) \tag{4-4}$$

式中：L——被评估管道的总长度（m）；

Ln——第 n 处缺陷的纵向长度（m）（以个为计量单位时，1 个相当于纵向长度 1m）；

Pn——第 n 处缺陷权重，查权重体系表获得；

n——结构缺陷总个数。

（1）丹麦 RI 计算方法

在丹麦，多数城市采用的 RI 计算公式为：

$$RI=F×0.7+D×0.1+K(或 E)×0.2 \tag{4-5}$$

式中 F 是数值小于等于 10 的管道物理结构性参数，它代表着管道自身结构的好坏。参数 D 显示管道的运行状况。电视检测报告中的评估及建议是以管道的实际运行状况为基础而得出的。以下为参数 D 的数据解释：

1）D=10 严重故障的管道

2）D=6 重大故障的管道

3）D=3 小故障的管道

4）D=0 无故障的管道

参数 K 显示交通、购物、商业等场所的分布状况。此部分的信息作为数据采集站中资料库的一部分。以下为参数 K 的数据解释：

1）K=10 主要为购物、商业及旅游区域

2）K=6 主要为大道，其他为购物及商业区域

3）K=3 其他主要街道

4）K=0 所有其他区域

如 F<4 时，可以理解为 K=0，因为此时，管道发生坍陷的可能性非常小。

参数 E 显示排水管道所服务区域的大小，可取决于若干因素，但简单可行的方法是取决于管道直径，例如：

1）E=10 管道直径>1500mm

2）E=6 管道直径在 1200mm 及 1400mm 之间

3）E=3 管道直径在 900mm 及 1100mm 之间

4）E=0 管道直径<900mm

如 F<4 时，可以理解为 E=0。

养护指数的计算方式和修复指数相类似。

（2）上海 RI 计算方法

上海于 2005 年借鉴丹麦的评估模式，制定了《排水管道电视和声呐检测规程》，将结构和功能分开进行评估，即计算修复指数（RI）和养护指数（MI），这与丹麦的做法稍有不同。

$$RI=0.7×F+0.1×K+0.05×E+0.15×T \tag{4-6}$$

式中 K——地区重要性参数；

E——管道重要性参数；

T——管道周围土质影响参数。

式中，结构性缺陷参数 F 按公式（4-7）或（4-8）计算，其他参数可查表 4-15。

$$当 S < 40 时，F = 0.25 \times S \tag{4-7}$$

$$当 S \geqslant 40 时，F = 10 \tag{4-8}$$

式中损坏状况系数 S 按公式（4-9）计算。

$$S = \frac{100}{L} \sum_{i=1}^{n_1} P_i L_i \tag{4-9}$$

式中 L——被评估管道的总长度（m）；

L_i——第 i 处缺陷纵向长度（m）（以个为计量单位时，1 个相当于纵向长度 1m）；

P_i——第 i 处缺陷权重，应查表 4-14 获得；

n_1——结构缺陷处总个数。

上海市 K、E、T 值一览表　　　　　　　　　　　　　表 4-15

K、E、T 值	K 值适用范围	E 值适用范围	T 值适用范围
10	中心商业及旅游区域	$D \geqslant 1500mm$	粉砂层
6	交通干道和其他商业区域	$1000 \leqslant D < 1500mm$	×
3	其他行车道路	$600mm \leqslant D < 1000mm$	×
0	所有其他区域或 F < 4 时	$D < 600mm$ 或 F < 4	一般土质或 F = 0

MI 的计算模式和 RI 几乎一样，上海市电视和声呐检测与评估规程中有明确表述。

4.3.4 简易法

简易法不同于上面叙述的方法，通常用文字或简单字母来描述缺陷种类以及严重程度，而不是用数值表达，有代表性的国家或地区有：日本、中国台湾地区。日本于 2003 年 12 颁布了《下水管道电视摄像调查规范（案）》。日本的一些下水道团体或公司也开发有自己的检测标准。例如日本下水道事业团技术开发部收集和统计了日本 13 个大都市的下水道管道损坏程度的评定方法，并编写了《下水道管道设施更新手册调查》（1994 年）。调查发现各都市评定方法不一，以其中一个都市污水下水道管道缺陷判定基准为例，评定方法分为管道腐蚀磨耗、管道破损、管道裂痕、起伏、下沉、蛇行、接合不良、附着硬块、混凝土、浸入水及支管突出等项目。依据污水管损坏程度状况分三级比较，评定标准内容见表 4-16。

管道状况的调查及评定　　　　　　　　　　　　　表 4-16

编号	异常项目	等级	状况
1	管腐耗磨	A	管材的 1/3 以上突出
		B	管材的 1/3 未满露出
		C	管材表面露出
2	管道破损	A	管道破损、歪斜、剥落
		B	网状裂痕，即将破损
		C	纵断方向裂痕
3	管道裂痕	A	全圆周
		B	半圆周
		C	半圆周以下

编号	异常项目	等级	状况
4	起伏、下沉、蛇形	A	管径的 1/2 以上
		B	管径的 1/10 以上且 1/2 未满
		C	管径的 1/10 未满
5	接合不良	A	10cm 以上
		B	5cm 以上 10cm 以下
		C	5cm 以下
6	附着硬块、混凝土	A	管径的 1/2 以上
		B	管径的 1/10 以上且 1/2 未满
		C	管径的 1/10 未满
7	浸入水	A	喷出
		B	流出
		C	渗出或水垢
8	支管突出	A	管径的 1/2 以上
		B	管径的 1/10 以上且 1/2 未满
		C	管径的 1/10 未满

另外，日本下水道协会《下水道设施维护管理计算要领—管道设施编》（1993 年），针对污水下水道管道缺陷判定基准，分为管道破损、管道腐蚀、管道龟裂、接头破损、起伏蛇行、附着物、浸入水、支管突出及树根侵入等因素，依不同状况分三级进行，判定基准内容见表 4-17。

日本排水管道检测判定标准　　　　　　　　　　　　　　表 4-17

项目		等级 A	B	C
管的破损	钢筋混凝土管	脱落 轴方向裂缝 宽度：5mm 以上	轴方向裂缝 宽度：2mm 以上	轴方向裂缝 宽度：2mm 以下
	陶管	脱落 轴方向裂缝 管长的 1/2 以上	轴方向裂缝 管长的 1/2 以下	—
管的裂缝	钢筋混凝土管	圆周方向裂缝 宽度：5mm 以上	圆周方向裂缝 宽度：2mm 以上	圆周方向裂缝 宽度：2mm 以下
	陶管	圆周方向裂缝 长度在圆周长的 2/3 以上	圆周方向裂缝 长度在圆周长的 2/3 以下	—
管的接缝滑动		脱落	陶管：50mm 以上 钢筋混凝土管：70mm 以上	陶管：50mm 以下 钢筋混凝土管：70mm 以下
管的腐蚀		钢筋外露	骨材外露	表面粗糙
管的起伏、蜿蜒		内径以上	内径的 1/2 以上	内径的 1/2 以下
灰浆附着		内径的 30% 以上	内径的 10% 以上	内径的 10% 以下
漏水		涌水	流动	渗漏
支管突出		支管内径的 1/2 以上	支管内径的 1/10 以上	支管内径的 1/10 以下
油脂附着、树根侵入		内径的 1/2 以上堵塞	内径的 1/2 以下堵塞	—

日本下水道事业团技术开发部将管道缺陷分为8类。每一类按照损坏程度不同，分成3个等级：A、B和C（如表4-18）。该做法只是提供了管道局部状况的描述方法，但是没有给出管道整体状况的评分体系；对损坏程度的描述是半定量的，对后续的修复方案的选择似乎未能提供直接的根据。日本下水道协会的做法与日本下水道事业团技术开发部类似，该做法增加了树根侵入这项功能性管道缺陷指标。

缺陷等级分类表　　　　　　　　　　　　表4-18

A	B	C
需采取紧急措施	数年内需要采取措施	目前不需要采取措施

注：要根据不同的调查目的调整结果，例如提高该项调查项目的等级（把B级作为A级）。

4.4　计算机辅助评估

4.4.1　概述

城市地下管网错综复杂、症状多变，检测工作量巨大、任务繁重，检测人员检测完管道后，仍需编写大量的检测报告。所以对检测报告成果进行综合管理，以方便公司和业主进行分析判断，引入计算机辅助判读技术是行业发展的必然趋势。

通过计算机辅助判读软件对管道CCTV、管道潜望镜、声呐等检测设备所生成的视频录像文件进行播放预览、添加检测信息、截取缺陷图像、添加判读描述等。可将判读结果数据自动化生成为图文并茂的检测报告，同时，还能提供电子地图查阅功能，可在电子地图中标注出检测作业点的位置，查看作业点对应的检测数据、判读信息、缺陷图片和检测视频。但是，目前软件使用中缺陷判读仍然需要人工进行判断属性和等级，会造成信息误差，所以，如何提升缺陷判读准确性，降低人为因素对缺陷判断的干扰，是计算机辅助判读软件需要提升的方向。

4.4.2　功能特点

计算机判读软件一般具有以下功能：

（1）支持多种检测规程，包括中国行业标准、上海地标、广州地标、北京地标，以及中国香港标准和英国WRC编码体系，在支持多行业标准的同时，具备标准扩展性，在未来可方便地将国内外其他标准导入。

（2）在检测现场可以提供现场判读、现场报告功能。

（3）可在现场采集检测点的GPS、管道基本信息、检测信息，以备后续数据的管理。

（4）提供电子地图结合检测管段的检测分布图和缺陷分布图。

（5）参照各种检测规程中附带的报告内容，制作相应的报告模板。一般包括以下内容：检测基本信息、工程量汇总、管道缺陷汇总、管道缺陷汇总电子地图分布图（需GPS坐标）、管段缺陷状况评估表、管段树形缺陷分布图、功能缺陷分类饼图、功能缺陷分类柱状图、管道坡度图、管道沉积状况纵断面图以及最终的排水管道检测成果（详图）表等。

（6）提供数据和 GIS 系统的对接。已考虑输出的数据接口，能将检测成果和数据，结合 GIS 系统的数据结构，导入到排水 GIS 系统中。以英国某公司软件为例，从网络菜单选择输入测量数据（Import Survey Data）及输入 Examiner CCTV 数据（Import Examiner CCTV data），显示 Examiner 输入（Examiner Import）对话框（图 4-23）。

4.4.3 主要内容

1. 工程信息录入

将需要检测工程的相关信息录入软件系统是使用辅助判读软件的第一步工作，录入的工程信息有：工程名称，工程序号，选用的检测标准，工程地点和备注信息，所有的工程相关信息将保存在数据库中（图 4-24）。

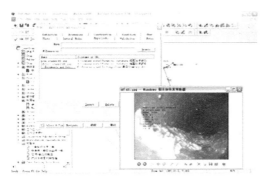 

图 4-23　CCTV 数据导入排水 GIS 界面　　　图 4-24　工程信息录入界面

2. 检测信息录入

首先将管道的检测视频导入判读软件，录入检测地点及作业点的 GPS 经纬度、任务名称、检测单位、作业人员等；接着录入管段属性信息，包含被检测管道的类型、材质、管径、起止井号等（图 4-25 所示）。

3. 缺陷判读

如图 4-26 所示，判读人员观看导入的检测视频，截取存在缺陷的管道视频画面，填写缺陷的开始和结束距离，通过动画选取缺

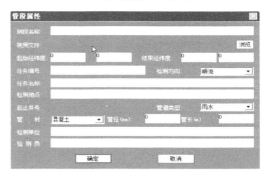

图 4-25　检测信息录入界面

陷的时钟描述，同时录入缺陷名称、等级和添加缺陷的文本描述，完成缺陷判读记录。GPS 坐标可自动生成，也可手工输入。

4. 电子地图

导入开始和结束人井的 GPS 坐标后，可以通过电子地图浏览，查看缺陷截图、缺陷距离、代码、名称等缺陷详细情况，数据管理方便直观，可随时调阅历史数据和缺陷详细情况。如图 4-27 所示。

5. 导出报告

辅助判读软件一般提供三种导出方式，分别是表格式 xls 缺陷详细记录，word 格式自动报表以及用于对接 GIS 平台的 ShapeFile 格式。

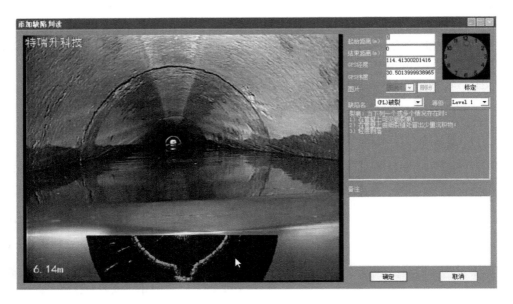

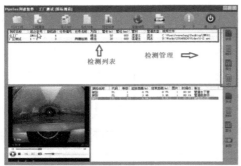
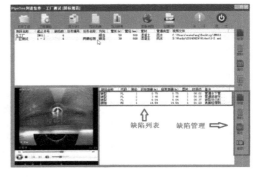

图 4-26 缺陷判读录入界面

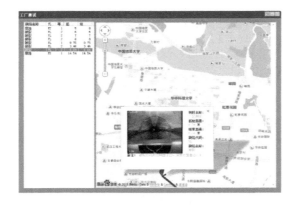

图 4-27 电子地图界面

（1）xls 缺陷详表

将所有缺陷记录，包括检测信息、工程信息，全部导出到 xls 格式的表格，以便后续进一步的处理（表 4-19）。

缺陷明细打印输出样表 表 4-19

管段	管径 (mm)	长度 (m)	材质	结构性缺陷						功能性缺陷					
				S	S_{max}	S_m	RI	修复等级	综合状况评价	Y	Y_{max}	MI	Y_m	养护等级	综合状况评价
44-56	777	111.11	HDPE 666	2.71	5	0.12	5	Ⅲ	结构在短期内可能会发生破坏，应尽快修复	5.5	5	0.01	6.4	Ⅲ	根据基础数据进行全面的考虑，应尽快处理
5-6	9	22.2	3	—	—	—	—	—	—	5.5	5	0.05	6.4	Ⅲ	根据基础数据进行全面的考虑，应尽快处理
22-33	0	66	混凝土	—	—	—	—	—	—	6.6	10	0.03	9.5	Ⅳ	输水功能受到严重影响，应立即进行处理
11-22	0	7		0.03	5	0.29	4.5	Ⅲ	结构在短期内可能会发生破坏，应尽快修复	—	—	—	—	—	—
0xx-8a	0	23	混凝土	2.92	5	0.97	4.5	Ⅲ	结构在短期内可能会发生破坏，应尽快修复	4.51	10	0.22	9.5	Ⅳ	输水功能受到严重影响，应立即进行处理
334-343	43	16	HDPE	2.48	5	0.27	5	Ⅲ	结构在短期内可能会发生破坏，应尽快修复	—	—	—	—	—	—

（2）word 自动报表

软件自动生成 word 格式报表，报表中包括检测基本信息、工程量汇总、管道缺陷汇总、管道缺陷汇总电子地图分布图、管段缺陷状况评估表、管段树形缺陷分布图、功能缺陷分类饼图、功能缺陷分类柱状图、管道坡度图、管道沉积状况纵断面图以及最终的排水管道检测成果表等（图 4-28）。

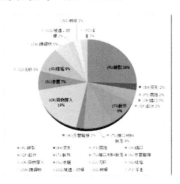
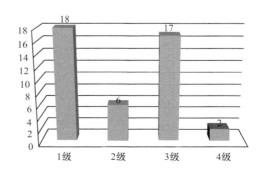

图 4-28 缺陷统计饼图、柱状图、统计表样式（一）

统计数 \ 级别 \ 缺陷类别	1级（轻微）管理个数	2级（中等）管理个数	3级（严重）管理个数	4级（重大）管理个数
(PL)破裂	5	0	0	0
(BX)变形	0	0	1	0
(FS)腐蚀	0	1	0	0
(CK)错口	0	0	0	0
(QF)起伏	0	0	1	0
(TJ)脱节	0	0	3	0
(TL)接口材料脱落	1	3	0	0
(AJ)支管暗接	1	0	0	0
(CR)异物穿入	1	1	2	0
(SL)渗漏	0	0	3	0
(CJ)沉积	0	0	0	0
(JG)结垢	0	1	1	2
(ZW)障碍物	0	0	1	0
(CQ)残墙、坝根	0	0	1	0
(SG)树根	1	0	0	0
(FZ)浮渣	1	0	0	0

图 4-28　缺陷统计饼图、柱状图、统计表样式（二）

（3）ShapeFile 输出

软件输出的数据为 GIS 通用格式，可兼容各种 GIS 平台。

思考题和习题

1. 什么是电视检测？它包括哪几种？
2. CCTV 检测和传统方法相比，具有哪些优势？还有哪些不足？
3. CCTV 主要有哪些部件构成？每个部件的功能是什么？
4. CCTV 在现场检测的流程是什么？注意哪些关键事项？
5. QV 有哪些部分构成？每个部分的作用是什么？
6. 观看 CCTV 视频进行判读时，发现缺陷应该记录并输入哪些信息？
7. 试述上海市现行修复指数的计算方法。
8. 简述缺陷位置的空间表达方式。
9. 试述 CCTV 的工作原理。
10. 找到一段 CCTV 视频检测资料，判读并试作评估报告。

第 5 章　声 呐 检 测

　　应用 CCTV 等检测方法的前提条件必须是可视，这样就限制了对被水淹没部分的管道检查。很多情形是管道须保持运行不能停水或水位降低成本很大，又需要了解管道的内部状况，潜水检查虽说能解决，但风险较大且成本较高，这时利用声呐来进行检测应该是不错的选择。但声呐检测的结果毕竟不是直观的管道内壁影像，很多缺陷是不能被发现的，有时也会出现一些假象，这就决定了声呐结果不能作为评估的直接依据，它只能用作粗略判断或某种有针对性的检测。

5.1　基本知识

5.1.1　声呐检测的含义

　　声呐技术至今已有 100 多年历史了，它是 1906 年由英国海军刘易思·尼克森所发明，它是英文缩写"SONAR"的音译，其中文全称为：声音导航与测距（Sound Navigation And Ranging），是一种利用声波在水下的传播特性，通过电声转换和信息处理，完成水下探测和通讯任务的电子设备。它有主动式和被动式两种类型，属于声学定位的范畴。声呐是利用水中声波对水下目标进行探测、定位和通信的电子设备，是水声学中应用最广泛、最重要的一种装置。在水中进行观察和测量（图 5-1），具有得天独厚条件的只有声波。这是由于其他探测手段的作用距离都很短，光在水中的穿透能力很有限，即使在最清澈的海水中，人们也只能看到十几米到几十米内的物体。电磁波在水中也衰减太快，而且波长越短，损失越大，即使用大功率的低频电磁波，也只能传播几十米。然而，声波

图 5-1　声呐工作示意图

在水中传播的衰减就小得多，在深海声道中爆炸一个几公斤的炸弹，在两万公里外还可以收到信号，低频的声波还可以穿透海底几千米的地层，并且得到地层中的信息。在水中进行测量和观察，至今还没有发现比声波更有效的手段。

　　声呐检测（Sonar Inspection）是指采用声波探测技术对管道内水面以下的状况进行检测的方法。声呐检测用于污水、雨水、合流的管道功能状况和部分结构缺陷的检测，现有设备适用管径范围在 300～6000mm。管道声呐检测可用于在有水的条件下检查各类管道、沟渠、方沟的缺陷、破损以及淤泥状态等。但其结构性检测结果只能作为参考，必要时需采用 CCTV 检测确认。

5.1.2 工作原理

用于排水管道检测的是主动声呐技术，它是指声呐主动发射声波"照射"目标，而后接收水中目标反射的回波时间，以及回波参数以测定目标的参数。有目的地主动从系统中发射声波的声呐称为主动声呐。可用来探测水下目标，并测定其距离、方位、移动速度、移动方向等要素。主动式声呐发射某种形式的声信号，利用信号在水下传播途中障碍物或目标反射的回波来进行探测。由于目标信息保存在回波之中，所以可根据接收到的回波信号来判断目标的存在，并测量或估计目标的距离、方位、速度等参量（图5-2）。

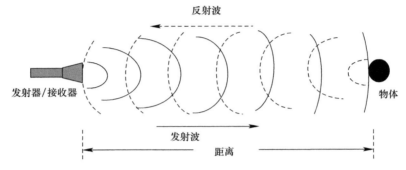

图 5-2　声呐工作原理示意图

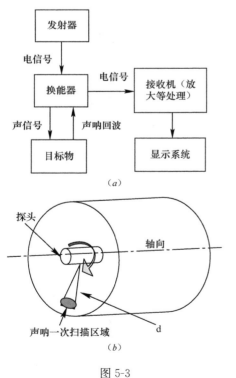

(a)

图 5-3
(a) 排水管道检测声呐工作原理图;
(b) 声呐工作拓扑关系图

具体地说，可通过回波信号与发射信号间的时延推知目标的距离，由回波波前法线方向可推知目标的方向，而由回波信号与发射信号之间的频移可推知目标的径向速度。此外由回波的幅度、相位及变化规律，可以识别出目标的外形、大小、性质和运动状态。主动声呐主要由换能器（常为收发兼用）、发射机（包括波形发生器、发射波束形成器）、定时中心、接收机、显示器、控制器等几个部分组成。如图5-3所示，其主要实现先将电能转成声能，又再将回波转成电能并放大处理显示。

换能器是声呐中的重要器件，它是声能与其他形式的能如机械能、电能、磁能等相互转换的装置。它有两个用途：一是在水下发射声波，称为"发射换能器"，相当于空气中的扬声器；二是在水下接收声波，称为"接收换能器"，相当于空气中的传声器（俗称"麦克风"或"话筒"）。换能器在实际使用时往往同时用于发射和接收声波，专门用于接收的换能器又称为"水听器"。换能器的工作原理是利用某些材料在电场或磁场的作用下发生伸缩的压电效应或磁致伸缩效应。

排水管道声呐检测技术的工作原理是以脉冲发

射波为基础，仪器内部装有步进电机和声呐聚焦换能器，利用步进电机带动换能器在排水管道中绕自身360度旋转并连续发射声呐信号，发射信号的传播时间和幅度被测量并记录下来显示成管道截面图，通过观测截面图来判断水下情况。换能器和管壁或物体之间的距离可由反射信号的传播时间计算得到。计算公式如下：

$$d = \frac{vt}{2} \tag{5-1}$$

式中　v——声波在污水中的传播速度，检测前从被检测管道中取水样装入已知尺寸的容
　　　　　器中实测得到；

　　　t——信号传播时间；

　　　d——距离。

换能器旋转一周仅需不超过1s，单波束锥角一般在0.9～1.5度。假设是1.5度，以$D1000$mm口径的管道为例，其分辨率约为6.5mm，管径越大的分辨率越低。锥角越小，投射到目标物的"脚板印"也越小。

发射波幅度可以反映管道壁的各种特性。反射波信号能量的大小可以利用发射系数R来表示，表达式如下：

$$R = \frac{p2v2 - p1v1}{p2v2 + p1v1} \tag{5-2}$$

式中　$p1$、$v1$——管道内污水密度和声波速度；

　　　$p2$、$v2$——排水管道管壁的密度和声波速度；

　　　pv——两者乘积称为作声阻抗，反映管道的声学特征。

由于声呐探头旋转360度/秒，通常的探测方式是，让声呐探头以摄像检测那样较慢的速度通过管道时，用声呐波束描绘管道内部一个螺旋圆周，声呐探头的移动速度取决于管道直径和需要探测的缺陷大小。对于一个给定的范围，总是采集250个样本，因此固定的范围对应固定的分辨率。例如，250mm范围时，纵向分辨率是1mm。管道内壁扫描区域大小取决于换能器波束角，即能量衰减3db处角度。声呐探头波束角为1.1deg，因此，250mm范围时，波束直径为4.8mm；3000mm范围时，波束直径为57.6mm。

系统通过颜色区别声波信号的强弱，并标识出反射界面的类型（软或硬），默认的"彩虹"颜色方案，使用红色表示强信号，使用蓝色表示弱信号，中间色表示不同强度信号（如图5-4）。

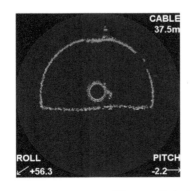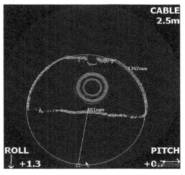

图5-4　声呐"彩虹"方案样图

5.1.3 设备组成

声呐设备是一套复杂的控制和数据采集以及处理系统，由主控制器（带有专用采集软件）、探头（又称水下单元，附带漂浮承载器）和线缆盘三部分组成。

1. 主控制器

主控制器（图 5-5）是整个系统的控制中心，通过 USB 接口接收计算机的控制命令，按照协议格式编码组成"命令包"发给探头。主控制器接收探头通过长距离电缆线传输上来的"数据包"，数据包中包括模拟信号和数字信号，经模拟开关电路判别后，数字信号按照协议格式解码，模拟信号经过信号调理后由模数转换芯片转换，数据经存储器缓冲后传输给微控制器，通过专有算法分析数据，剔除干扰杂波，得到有用数据，最后通过 USB 接口传输到计算机显示。图 5-6 是主控制器数据采集及控制电路框图。

图 5-5　主控制器

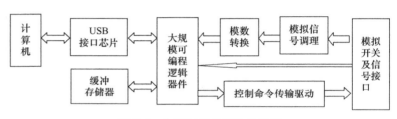

图 5-6　主控制器各模块关系图

排水管道声呐回波信号检测属于弱信号检测范围，并且随着管道口径大小的不同或管壁腐蚀破损程度的不同，回波信号的幅度差别很大，从微伏级到伏级，对数据采集系统特别是模数转换器的采样速度、精度以及动态范围都有很高的要求。

2. 探头

探头（图 5-7）是整个传感器的集成体，包括声呐传感器、气压传感器、温度传感器、姿态传感器等。探头接收到主控制器发送来的"命令包"后，按照协议格式解码执行命令，然后将采集到的数据（包括声呐信号、温度值、电压值、倾角值、滚动角值等编码）组成数据包后发送给主控制器。图 5-8 是探头数据采集及信号驱动电路拓扑关系图。

图 5-7　探头

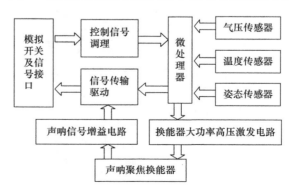

图 5-8　探头各单元关系图

110

3. 线缆盘

线缆将探头和主控制器连接起来。为便于运输和检测，线缆一般都是缠绕在一柱形圆盘上，圆盘的滚动轴又安装在特制框架上（图5-9）。

不同于CCTV的线缆盘，声呐的线缆盘都为手动，同样有记录距离的编码器，精度一般都能达到0.1m。为防止缠绕，线缆回收时，可利用手动排线器。多数厂商提供的线缆长度一般在150m左右。

图5-9　声呐线缆盘架

4. 技术要求

我国以及国际上通行的应用于排水管道检测声呐设备几乎都能满足表5-1的要求。

声呐技术设备要求　　　　　　　　　　　　　　　　表5-1

设备部件	项目	技术指标
探头	分辨率	≤5mm
	反射范围	一般200～6000mm
	反射波类型	圆锥形波
	脉冲长度	4～20μs
	工作温度	0℃～40℃
	材质	一般为不锈钢
	最大操作深度	≤1000m
	尺寸	小于350mm，直径小于70mm
	重量	一般小于3kg
线缆盘	长度	≥150m
	最大衰减率	40dB
	类型	一般为双绞线或者同轴电缆
主控制电脑	数据传输方式	USB接口
	软件	生成管道三维模型、生成管道平面图形、自动生成检测报表
处理器	重量	一般为0.2kg
	工作温度	0℃-40℃
	湿度	20%～80%
	接头	满足IEC标准

5.1.4　应用范围

不是所有的缺陷都能被声呐所发现，一般来说，垂直于轴向且外轮廓变异类的缺陷容易被发现，如淤积、变形等，如表5-2。

声呐检测缺陷对应表　　　　　　　　　　　　　　　　表5-2

结构性缺陷									功能性缺陷						
破裂	变形	错位	脱节	渗漏	腐蚀	胶圈	支管	异物	沉积	结垢	障碍	树根	注水	坝头	浮渣
○	√	○	×	×	×	×	√	×	√	○	○	○	×	√	×

注：√适用；○部分适用；×不适用。

从声呐所对应的缺陷可以看出，声呐对大多数结构性缺陷没有反映或不能最终确定，这样它的应用范围就受到限制，它常用作：

（1）过水不畅时，断面损失位置的初步判断；

（2）淤积深度的测量；

（3）水面下管道连接位置的确认。

5.2 检测

5.2.1 工作流程

利用声呐检测排水管道，一般分为普查类和特种类，普查类包括养护质量的检测考评、淤积量的测量和实际平均过水断面测量等。特种类包括水流异常情形下的断面损失确认、水面下管道设施的分布等。工作流程如图 5-10。

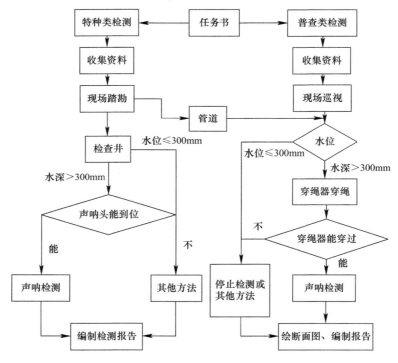

图 5-10 声呐检测工作流程图

选择声呐作为检测方法，一般都是在 CCTV 无法实施的情形下的无奈选择。它是目的性极为明确的检测方法，所以在现场实施检测工作前，应该弄清楚检测的目的，根据需求，确定本次检测是针对哪种缺陷、查找哪类问题、求证哪些数据。不同检测目的，流程是不一样的。和 CCTV 不同，声呐检测前无须对管道采取任何措施的预处理，尤其在检查养护质量时，穿绳不宜采用高压射水头引导方式。

在整个流程中，前期摸清声呐检测能够实施的前提条件非常重要，如牵引绳能否从一个检查井穿至另一端检查井、水位和流速是否满足要求等。

5.2.2　检测准备

1. 资料收集

接受任务后的第一件事就是收集检测范围内的排水管线资料，而排水管道分布图是最基本资料，常见的有 1：500 和 1：1000 大比例尺排水管线图，这些图有时和实地不符合，在下一步的现场踏勘中必须予以修正。管道以往的检测资料对正要进行的检测也具有参考价值，应该予以收集。待检测管道分时段的水位和流速等运行资料对制定施工方案非常有帮助，它直接关系到检测工作能否顺利进行。

2. 现场踏勘

对照排水管线图，核对管径、井号、连接关系等检测基本信息，查看待检测管道区域内的地物、地貌、交通状况等周边环境，评估检测工作开展可能会出现的不利因素，确定施工的次序。开井检查管道的水位、检查井构造，用量泥杆或量泥斗检测水深和淤泥深度，根据检测数据确定管道内实际水的有效空间是否满足检测要求，因为声呐基本原理是靠声波在水中传播遇到固体后形成反射波，设备本身有一定尺寸，如果探头被淤泥淹没，声呐将失去信号。

3. 编制检测方案

在现场踏勘后，依据委托方的要求，编制技术方案，技术方案的内容可根据任务的规模进行优化，方案内容通常包括：

（1）检测的任务、目的、范围和工期；

（2）检测方法与实施流程；

（3）作业质量、健康、安全、交通组织、环保等保证体系与具体措施；

（4）工作量及工作进度计划；

（5）人员组织、设备、材料计划；

（6）拟提交的成果资料。

5.2.3　现场检测

1. 穿绳

在被检测的管段内穿入一根绳索，它被用作牵引漂浮筏移动或悬挂声呐头。绳索能否穿过被检测管段是能够实现声呐检测的前提，若绳索无法穿过，声呐检测也就不能进行。穿绳方法通常采取高压射水头携带绳索和穿管器回拖绳索两种形式，前者需要高压冲洗车配合，耗费较高，但省工省时。后者则简单易操作，费用较低，但费工费时。

2. 设备校准

检测前应从被检测管道中取水样通过调整声波速度对系统进行校准，根据设备型号、功能的不同，校准可能包括线缆计米器的校准、信号强弱的调节。

3. 牵引

牵引的方式有两种，一是将一根绳索固定在两井端，声呐探头悬挂在绳索上，用另一根绳索牵引探头缓慢从上游井向下游井移动（图 5-11），与此同时，专用软件在控制系统上记录下全程扫描过程，并间隔一定距离（或时间）记录管道横截面扫描图；二是将声呐探头固定于漂浮筒上（图 5-12），用绳索牵引漂浮筒完成上述过程。方法一的缺点在于声呐头本身较重，单纯绳索牵引，很容易使声呐头埋于淤泥之中，而失去声呐反射信号，方法二以漂浮筏平衡了声呐探头的比重，可使声呐探头浮于管道顶部，便于获得稳定的反射信号，但要根据管径的不同选用适合的漂浮筒。

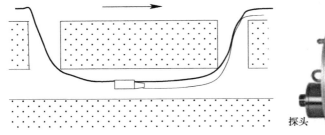

图 5-11　探头悬挂牵引

图 5-12　浮筒承载探头牵引

4. 声呐检测

声呐探头安放在检测起始位置后，在开始检测前，应将计数器归零，并调整电缆处于自然紧绷状态，根据管径选择适合的脉冲宽度，调节达到最佳彩色的信号强度。

声呐检测应在满水，或水位不少于 300mm 管道内进行。根据不同管径调整声呐信号的强度（脉冲宽度），以达到最佳反射画面。拖动牵引绳时应保持声呐探头的行进速度不能超过 0.1m/s。拖动时注意探头应尽可能保持水平，防止几何图片变形失真。探头内自带有倾斜传感器和滚动传感器，可在±45°范围内自动补偿，如果管道内水流速度较快，可能造成探头不稳定，超过自身补偿范围的可能造成画面变形，检测几何图形失真，此时要降低探头的行进速度，调整或更换更稳定的漂浮筒，保证检测画面的稳定性。

以英国某公司生产的声呐系统为例，其操作界面如图 5-13 所示。

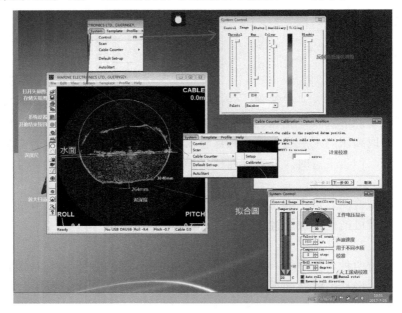

图 5-13　声呐系统的操作界面

运行声呐系统时，其主要操作信息如下：

（1）显示信息和布局

标题栏包括检测标题，该标题栏可在"system control"面板中编辑。菜单栏包含了一组下拉菜单，用于提供整套的系统工具。工具栏有一组按钮，可快速便捷使用部分菜单工具。工具栏固定在显示区域的左边，当鼠标在按钮上停留时，对该按钮功能的描述将显示在按钮附近，并且更长更详细的描述将显示在状态栏里。底部的状态条显示探头状态、方位（倾角和转角）和已放电缆长度。状态条左边的文字区域是帮助区域，包含了按钮简单说明或当前选择菜单的属性。声呐图像根据信号强度以极化图形式显示，图像具有方向性，屏幕上方总是管道垂直向上的方向，这样当在"Auxiliary"中选择"roll correction"选项后，根据 roll 来修正图像的显示（图 5-14）。

（2）系统控制面板

系统控制面板提供大部分的探头控制和监控功能。控制面板包括以下 6 个页面，每个页面提供不同的功能。

1）控制页面

控制页面包括范围调节、脉宽调节，以及扇区模式（如图 5-15）。范围调节可从 125～6000mm（5～240in），各个调节等级如下：125mm、187mm、250mm、375mm、500mm、750mm、1000mm、1500mm、2000mm、3000mm、4500mm、6000mm（5in、7.5in、10in、15in、20in、30in、40in、60in、80in、120in、180in、240in）。

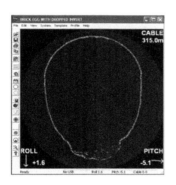

图 5-14　声呐系统信息和布局

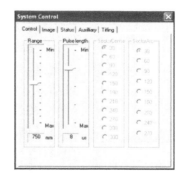

图 5-15　声呐系统控制页面

范围对应于探头探测的范围，因此管径为 900mm（36in）的管道，如果要取得最好的显示效果，应该选择 500mm（20in）的范围。脉冲宽度就是换能器发射信号的宽度，以 us 度量。以 4us 步长，从 4us 可调节至 20us，典型的脉宽和范围对应关系如下：4us 125mm to 500mm，8us 500mm to 1000mm，12us 1000mm to 1500mm，16us 1500mm to 2000mm，20us 2000mm to 6000mm。

选择大的脉宽的效果是增强了系统的敏感性，即更多的信号显示为红色。管壁图像的厚度，也受到脉冲宽度的影响，小的脉冲宽度能探测到更多的细节。如果扇区显示模式已经选择，那么扇区中心和扇区弧度也能选择，除非被灰化了。

2）色彩页面

色彩页可调节调色板和色阶，更好的显示图像。通过调节色彩，也可以消除背景噪声以及接收信号的敏感度。色彩调节包含了 blanking 和增益控制（图 5-16）。

3）状态页面

状态页中以图形表示主窗口中状态条的内容，即转角，倾角和放线长度（图5-17）。

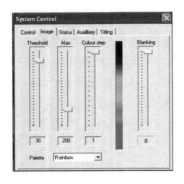

图5-16　声呐系统色彩页面

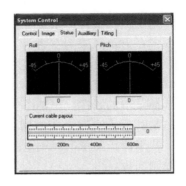

图5-17　声呐系统状态页面

倾角以度的单位显示，正的倾角表示探头朝上。转角也以度的单位显示，正的转角表示探头正时钟方向旋转。倾角和转角传感器测量范围在−/＋45度之间。如果必须放在测量范围外，则该项测量并不准确。注意在放置探头时，保证探头上的刻度线朝下，即朝管道的方向，否则图像方向不正确。放线长度表示探头通过的水平距离。

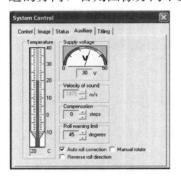

图5-18　声呐系统附属信息页面

4）附属信息

"Auxiliary"页面显示声呐第二个传感器的数据，并提供少数系统控制（图5-18）。

电解倾斜传感器的系统内有以摄氏温度显示的声呐内部温度值，目前很多配备固态倾斜传感器的系统都不再支持温度功能。电压表显示声呐单元测量的电压。推荐设置是26V，电压设置在25～35V之间都是可行的（对应电压表的绿色区域）。水中声波速度（VOS）名义上为1500m/s（4921ft/s），实际的水中声波速度取决于多个因素，包括温度，压力和含盐度，如果精度要求在3%以内，声速可设置为1500m/s，如果需要更高精度，可使用鼠标测量工具。

声呐图像的内圈表示探头到管壁的距离，图像的厚度取决于发射脉冲宽度。

声呐通过顺时针转动来采集管壁的数据，然后逆时针反转。当传感器反方向运动时，图像将会有轻微的抖动，这是由于系统的机械反弹，抖动取决于换能器机械对齐的精度。抖动可以通过"compensation"设置来校正，即多个步骤来调整图像。通常设置"1"，然而，也有可能需要设置为"1"或"2"。

如果超过倾角告警极限，警告声音将提示（PC的音量打开）。声呐头上的一个刻线标志声呐的底部。正常操作时，刻线位置的声波数据显示在屏幕的底部。如果"auto roll correction"选中，声呐图像旋转相应的角度，将底部的声波数据显示在屏幕底部。如果手动旋转选中，操作者可以通过键盘手工旋转图像。如果"roll"读数超过＋/−45度，"roll"补偿将自动静止，直到读数恢复到＋/−45范围内。

选择"Reverse roll direction"将对"roll"读数取反。

5）标题页面

"Titling"页面可设置声呐图像的标题（如图 5-19）。

"Title"文本将显示在声呐图像的标题栏。"Notes"文本不显示在主窗口，但是当图像保存时，将以 txt 格式保存。

6）电缆计数器

电缆计数对话框用于建立电缆计数器（图 5-20）。

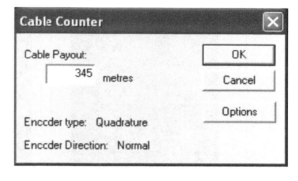

图 5-19　声呐系统标题页面　　　　图 5-20　声呐系统电缆计数器页面

当系统开机，实际已放出的电缆需设置，这是由于系统关机时缠绕和解开的电缆未知导致。设置后，系统将监控电缆计数器，同时距离将会显示在主屏幕的状态栏上。系统可以配置 Perapoint 或者 Quadrature 电缆计数器，两种电缆计数器的每个方向都可以操作，电缆计数器通过一段已知长度的电缆进行标定，一旦完成标定，系统将记录结果，不再需要进行重新标定。

5.3　数据处理与评价

声呐设备扫描管道、检查井等设施时，装配有专用检测软件的计算机显示屏上显示的是离散点集合图。由于其图像反映的是管道内壁反射面的外轮廓，所以也称为轮廓图（图 5-21）。将该图与管道强制性矢量拟合线对比，进行处理与评价来判定管道缺陷。用鼠标量测变异部分的图像，可以得出缺陷的尺寸大小。

专用的检测和分析软件通常具备以下功能：

（1）支持管道截面图动画播放，管道 360 度全景展开；

（2）支持生成管道三维模型，沉积和缺陷一目了然；

（3）支持淤泥量分析，量化数据更精确；自动生成报表，高效率制作报告。

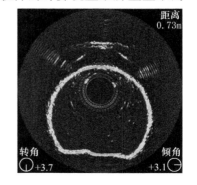

图 5-21　声呐检测轮廓图

5.3.1　管道结构性缺陷判读

管道结构性判读是根据声呐检测图像，对比拟定的轮廓形状，判断其差异性，属哪种缺陷类型。它可减少工作量，将缺陷的判断缩减至最小范围内。遇到疑似管道结构性问题时，应封堵抽水，采用 CCTV 检测予以确诊。对于有些没有完全充满水的管道，可采取在水上用 CCTV 拍摄的同时，水下用声呐检测，这样通过查看两种结果的对应关系，基本可确定缺陷的类型和范围。声呐能够显现的缺陷种类主要有：管道变形性破裂、柔性管材的管道变形、支管暗接、大体积的异物穿入等。图 5-22 显示了几种典型的管道结构性缺陷的声呐轮廓图。

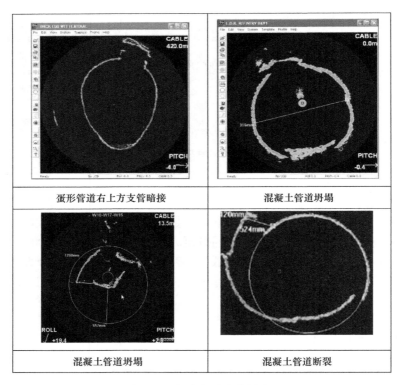

蛋形管道右上方支管暗接	混凝土管道坍塌
混凝土管道坍塌	混凝土管道断裂

图 5-22　声呐检测缺陷判读图

判读前，需掌握下列信息：
（1）管道（渠）断面形状；
（2）管道（渠）直径或内断面尺寸。

5.3.2　管道淤积状况评价

1. 二维评价

在进行管道功能性检测时，管段内积泥深度是按照纵向固定距离采集的，其每个采集点深度可在屏幕上直接量测（图 5-23）。将管道纵向设定为 X 轴，淤积深度为 Y 轴，展绘每一个淤积点，再将相邻点一一相连，即可生成管道沉积状况纵断面图（图 5-24）。这种方式直观易读，结合有关数据，能够较为准确地得出管道淤积程度、淤积体积、淤积位置。这是常用的二维表达和评价方式，淤积的表达模式还有三维表达方式。

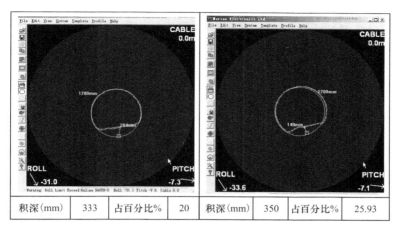

积深(mm)	333	占百分比%	20	积深(mm)	350	占百分比%	25.93

图 5-23　排水管道沉积图

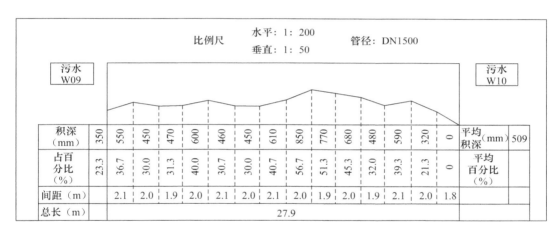

	比例尺	水平：1：200		管径：DN1500	
		垂直：1：50			

污水 W09　　　　　　　　　　　　　　　　　　　　　　　　　　　　　污水 W10

积深(mm)	350	550	450	470	600	460	450	610	850	770	680	480	590	320	0	平均积深(mm)	509
占百分比(%)	23.3	36.7	30.0	31.3	40.0	30.7	30.0	40.7	56.7	51.3	45.3	32.0	39.3	21.3	0	平均百分比(%)	
间距(m)		2.1	2.0	1.9	2.0	2.1	2.0	2.1	2.0	1.9	2.0	1.9	2.1	2.0	1.8		
总长(m)	27.9																

图 5-24　排水管道沉积状况纵断面图

　　进行淤积状况评价时，需选择采样点，其间距应根据不同项目目的选择，一般不超过5m。检测时如发现管道异常点，则应增加采样点密度，以便真实反映管道情况。以普查为目的的采样点间距不超过 5m，如果有其他特定的检测目的，采样点间距要适当缩减至 2m，甚至更短，采样点越密，检测结果越接近真实的管道积泥断面，存在异常的管道应加密采样。将每个采样点的淤泥高度连成线，反映了该段管道淤积曲线，在判定管道是否符合养护标准时应以该段管道的平均淤积量为判断依据。除了检测淤积外，声呐亦可探测到管道内的大块固体障碍物、坝头等导致管道过水断面损失的缺陷。

2. 三维评价

　　三维评价所利用的数据和二维是相同的，只是采用了专业的三维生成软件，将管道及管道内的淤积绘制成三维云点图像（图5-25），并实现可量测和土方量的计算。三维的成像更加具有整体效果和空间感，获得比二维更丰富的信息。

图 5-25　声呐三维模拟图像

思考题和习题

1. 排水管道检测声呐主要是由哪些部分构成？
2. 声呐能够发现结构性和功能缺陷有哪些？
3. 现场检测的主要流程包括哪些步骤？每一步骤的工作内容是什么？
4. 根据声呐检测的数据，试绘管道淤积纵断面图。
5. 试述声呐的工作原理。

第6章 检查井、雨水口和排水口检查

检查井、雨水口和排水口都是城市地下排水管道系统中具有收纳、排放、检查和修理等功能的重要附属设施，它们具有开放的特征，也是管道维护的重要工作入口。相对管道而言，这些设施的检查要容易些，且很多管道的问题是通过检查井表现出来的，因此，检查的频次一般都要高于管道。本章所涉及的检查是指对这些设施自身结构性和功能性检查。

6.1 检查井检测

6.1.1 基本知识

检查井，又称窨井或人孔（Manhole），是排水管道系统中连接管道以及供养护工人检查、清通和出入管道的附属设施的统称。检查井通常设在管渠交汇、转弯、管渠尺寸或坡度改变、跌水等处以及相隔一定距离（表6-1）的直线管渠段上。检查井是管道检测的出入口，在进行管道检测前，首先应对检查井进行检查，这不仅是因为检查井是管道系统检查的内容之一，还因为检查井的现状条件直接关乎管道检测工作的安全和方法。

检查井的最大间距 表 6-1

管径或暗渠净高（mm）	最大间距（m）	
	污水管道	雨水（合流）管道
200～400	30	40
500～700	50	60
800～1000	70	80
1100～1500	90	100
1500～2000	100	120
>2000	可适当增大	

1. 种类

按照形状分为：圆形检查井、方形检查井和扇形检查井；

按照材料分为：砖砌检查井、预制钢筋混凝土检查井、不锈钢检查井、玻璃钢夹砂管检查井和塑料（焊接缠绕塑料、滚塑成型、注塑成型）检查井；

按照功能分为：跌水井、水封井、冲洗井、截流井、闸门井、潮门井、流槽井、沉泥井、油污隔离检查井等；

按照连接管道数量分为：两通井、三通井、四通井和多通井。

除了上述的分类外，我国业内人士常将具有特殊用途或结构的检查井分别称为：接户井、纳管井、出门井、骑管井、污水监测井等（表6-2）。

名称	解释	位置特征
接户井	排水户管道接入市政排水管网系统前的最后一个检查井，也称作出门井或出墙井	排水户的大门或围墙附近
纳管井	将小流量污水或初期雨水收纳至此井，再通过专用收纳管道输送至污水系统和处理设施	自然水体岸边或附近。井内通常有截流设施
骑管井	俗称骑马井，是指采用特殊方法在旧管道上加建的检查井。施工中不必撤除旧管道，也不需要断水作业	任何位置。无井室
监测井	被管理部门定义为定期或不定期需检测水位、水质及泥浆等参数的井。检测方式采取人工赴实地开井检测并抽样鉴定，亦可安装在线监测仪器予以实时监测	可能的排污重点户附近以及城市按一定规律所分布的样点
冲洗井	在坡度平坦地区，为提高水流流速，发挥水力疏通的优势，在该井内安装拦蓄式冲洗设施，它有自冲式和电控式之分	管道坡度非常小的管段

2. 结构

检查井一般采用圆形，通常由井底（包括基础）、井身和井盖（包括盖座）三个大部分构成，如图 6-1。

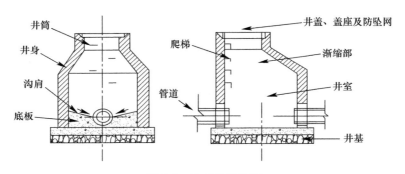

图 6-1 检查井结构图

检查井结构的各部件名称及释义详见表 6-3。

检查井各部件名称及释义 表 6-3

部件名称		释义
井盖	井盖	检查井盖中可开启的部分，用于封闭检查井口
	井座	又称井圈，检查井盖中固定于检查井口的部分、用于安放井盖
防坠网		挂在井筒上，用于防止人员坠落的设施
井筒		供作业人员进出井室的竖向通道
井室	渐缩部	介于井筒和井室之间的锥台状结构段
	上井室	井室的上半部分，外形尺寸与下井室相同，井壁一般不开孔
	下井室	井室的下半部分，井壁带有与地下管道联接的开孔或管口
底板	底板	用于支撑和封闭下井室底部缝隙的底部平板
	沟肩	流槽两边呈"V"型的底板面，便于井底水收纳进沟槽
井基		支撑整个检查井的基础

续表

部件名称		释义
爬梯		又称踏步，用于作业人员上下井室通道、固定于井壁的踩踏部件
井身	井身	井体四周机构
	井壁	检查井内部侧向表层
流槽		为保持流态稳定，避免水流因断面变化产生涡流现象而在检查井底部设置的弧形水槽

检查井井底材料一般采用低标号混凝土，基础采用碎石、卵石、碎砖夯实或低标号混凝土。为使水流流过检查井时阻力较小，井底宜设半圆形或弧形流槽，流槽直壁向上升展。污水管道的检查井流槽顶与上、下游管道的管顶相平，或与 0.85 倍大管管径相平，雨水管渠和合流管渠的检查井流槽顶可与 0.5 倍大管管径处相平。流槽两侧至检查井壁间的底板（称沟肩）应有一定宽度，一般应不小于 20cm，以便养护人员下井时立足，并应有 0.02～0.05 的坡度坡向流槽，以防检查井积水时淤泥沉积。在管渠转弯或几条管渠交汇处，为使水流通顺，流槽中心线的弯曲半径应按转角大小和管径大小确定，但不得小于大管的管径。大量城市的管渠养护经验说明，每隔一定距离（200m 左右），检查井井底做成落底 0.5～1.0m 的沉泥槽，对管渠的清淤是十分有利的。

检查井井身的材料可采用砖、石、混凝土或钢筋混凝土。国外多采用钢筋混凝土预制，近年来美国等国已开始采用聚合物混凝土预制检查井，我国目前则多采用砖砌，以水泥砂浆抹面，个别地方也开始采用预制玻璃钢夹砂检查井或塑料检查井。

砖砌井应用历史最悠久，是我国长期沿用的修建检查井室方式之一。其优点是主要由红砖和水泥修建而成，材料价格低廉，易获取，结构简单，施工简单，维修方便，成本较低。其缺点是容易出现缝隙间砂浆不密实现象，施工不能全天候，施工周期长，占地面积大，易渗漏造成地下水源二次污染，维修较频繁。一般井体建成后的一两年就易出现沉降、塌陷，造成路面不平，加之维修作业面大，综合维护成本高等缺点，给车辆通行及市民出行带来很大不便，也给市政管理养护部门造成很多困难。对与污水井来说，由于"砖砌井"渗漏严重，会再次污染地下水资源。同时普遍使用红砖会造成大量取用消耗耕地资源，浪费燃煤，不符合建设"节约型、环保型"社会的要求。世界各发达国家以及我国主要大中城市纷纷出台措施，限制和禁止使用砖砌检查井。

钢筋混凝土检查井是从我国北方发展起来的，用于取代"砖砌井"的检查井，主要分为现浇式（图 6-2）、预制装配式（图 6-3）、混凝土模块式（图 6-4）。其优点是节省土地资

图 6-2　现浇式　　　　　图 6-3　预制装配式　　　　　图 6-4　模块式

源、强度高、整体稳固性好、闭水性有所改善。缺点是笨重、施工难度大、施工条件要求高、开支孔困难，且由于重量大，运输、安装较麻烦，维修也不易，特别是检查井接入的干管和支管的口径、数量、方向、标高的变化因素多，很难实现工厂规模化生产解决。同时由于与埋地塑料管连接仍存在密封和不均匀沉降问题，渗漏和腐蚀等现象未得到根本解决。因此在小市政及建筑小区难以广泛应用，我国在许多城市推广应用上也经历多次反复，一直未能真正推广。

图 6-5　塑料检查井

塑料检查井（图 6-5）是由高分子合成树脂材料制作而成的检查井。通常采用聚氯乙烯（PVC-U）、聚丙烯（PP）和高密度聚乙烯（HDPE）等通用塑料作为原料，通过缠绕、注塑或压制等方式成型部件，再将各部件组合成整体构件。塑料井主要由井盖和盖座、承压圈、井体（井筒、井室、井座）及配件组合而成。井径 1000mm 以下检查井为井筒、井座构成的直筒结构，井径 1000mm 及以上检查井为井筒、井室、井座构成的带收口锥体结构，收口处直径一般为 700mm。井径 700mm 及以上的检查井井筒或井壁上一般设置有踏步，供检查、维修人员上下。井座一般采用 HDPE 材质；井筒采用埋地排水管材，如平壁实壁管、双壁波纹管、平壁缠绕管等。其优点是安装简便、重量轻、便于运输安装；性能可靠、承载力强、抗冲击性好；耐腐蚀、耐老化；与塑料管道连接方便、密封性好；有效防止污水渗漏、安全环保，内壁光滑流畅，污物不易滞留，减少堵塞的可能，排放率大大增强。

检查井井盖按照制作材料可分为以下 4 类：

（1）金属井盖：有铸铁（图 6-6）、球墨祷铁、青铜等材质之分；

（2）水泥混凝土井盖（图 6-7）：按承载能力分为 A、B、C、D 四级。A 级钢纤维混凝土检查井盖用于机场等特种道路和场地；B 级钢纤维混凝土检查井盖用于机动车行驶、停放的城市道路、公路和停车场；C 级钢纤维混凝土检查井盖用于慢车道、居民住宅小区内通道和人行道；D 级钢纤维混凝土检查井盖用于绿化带及机动车辆不能行驶、停放的小巷和场地；

（3）再生树脂井盖：再生树脂基复合材料；

（4）复合材料井盖（图 6-8）：聚合物基复合材料。复合材质的井盖分为无机复合井盖和有机复合井盖两种。

图 6-6　铸铁井盖

图 6-7　混凝土井盖

图 6-8　复合材料井盖

6.1.2 检查井缺陷

检查井的缺陷包括两个方面。一是将检查井看作一个整体，它与道路及其他设施相互依存出现很多问题，产生市政整体设施服务功能的下降，有时还引发灾害，这种缺陷称之为关联性缺陷。二是检查井自身性缺陷，即检查井自身的结构和功能方面出现问题，引起排水功能的丧失或下降。这两方面有时互为影响，检查井自身的缺陷会引起道路等设施损坏，反过来，道路设施的缺陷也会引起检查井结构的破坏。

1. 关联性缺陷

由于检查井周围受到车辆行驶的影响，承受较多的冲击力作用，往往最先遭到破坏。调查发现，城市道路路面上各类检查井周边过早损坏的现象，在全国各个城市都很普遍，是排水养护工作中的"顽疾"。总体上主要存在以下问题：

（1）井圈周围沥青、混凝土路面出现开裂、起壳、脱落、下沉等；

（2）检查井井口倾斜、下陷甚至坍塌；

（3）检查井井口凸出而井口周围地面出现不同程度的凹陷；

（4）井与周边路面高差大或者与纵横坡不一致；

（5）井盖倾斜或塌陷，井周路面出现明显的不均匀沉降；

（6）井盖凸出路面；这种现象主要是检查井和道路的不均匀沉降，其中道路的沉降量大于检查井沉降量。

在所有这些病害中，以检查井沉降所造成的危害尤为严重，见图6-9。这些病害不仅影响道路的使用功能及外观形象，还严重影响了道路的平整度，降低了道路通行的舒适性和安全性，严重时影响行车安全甚至会引起交通事故，同时也会缩短道路的使用寿命。

关联性缺陷的形成原因很复杂，既有路面结构性问题，也有检查井自身性问题，解决这类问题的办法，常常是通过对路面设施的修理，来达到检查井与路面的"和谐相处"。

图6-9 检查井沉降图片

2. 自身性缺陷

若不考虑检查井对其他市政设施的影响，就检查井自身而言，其缺陷类型与管道缺陷分类一样，分为结构性和功能性两大类型，即结构性缺陷需要采取工程措施予以消除或改善，功能性的则需要养护或补救等措施。在结构性和功能性缺陷中，有些类型的缺陷是可以量化成等级的，即可以从缺陷的规模和严重程度来对缺陷需要修复和养护的紧急程度进行分级，这类缺陷简称为A类，而另一类则不能量化表述，只能判断为"是"或"非"、"有"或"无"，即无所谓缺陷的轻重和大小，只需改正即可，简称B类（详见表6-4）。B类缺陷一般都不参与检查井的整体评估，它只作为问题记载。为便于计算机管理，每种缺陷可用四个英文字母组合成代码。第一个字母是"J"，代表是检查井的缺陷。第二个字母是"A"或"B"，表示属哪种类型，即为划分等级类或判断是非类。最后两个字母代表缺陷类型，一般以汉语拼音的首个字母来确定。

结构性缺陷			功能性缺陷		
名称	代码	解释	名称	代码	解释
异物穿入	JACR	非排水设施的物体，通过破坏井的结构而进入内部空间	结垢	JAJG	井壁结垢
井基脱开	JAJT	井基与井身脱开	盖框错台	JACT	盖框间隙或高差超限
错口	JACK	井壁与管道接口错口	树根	JASG	从井壁或接口处生长进入的树根
脱节	JATJ	井壁与管道接口脱节	沉积	JACJ	井底沉积
井框破损	JAKP	井框裂开等情形	障碍物	JAZW	在井底可移动的固体障碍物
井盖破损	JAGP	井盖裂开、透空等情形	浮渣	JAFZ	粗颗粒漂浮物
破裂	JAPL	井壁破裂	杂物覆盖	JBGZ	井盖上覆盖杂物
渗漏	JASL	井壁或接口处向井内漏水，有渗漏量大小之分	跳动	JBGT	井盖跳动和声响
井盖凹凸	JAAT	盖框整体与地面间的突出或凹陷超限	井盖丢损	JBGS	井盖丢失或破损
槽破损	JACS	井底流槽破损	水流不畅	JBBC	水流不畅
腐蚀	JAFS	井壁腐蚀及材料脱落	盖标错误	JBGB	井盖标识错误
爬梯缺损	JBTS	爬梯松动、锈蚀或缺损	锁链缺损	JBLS	链条或锁具缺失或锈蚀
埋没	JBMM	井盖被路面材料、绿化带以及构筑物等埋没	防坠丧失	JBZS	防坠网老化或丢失
下沉	JBXC	整座整体下沉，有时表现为井盖凹凸和错口	非重型盖	JBGC	道路上的井盖为非重型井盖
脱空	JBTK	井体外土体流失，形成脱空			

在实际检测中，常常将有些缺陷直接纳入到整个管道中一起检测和评估，比如井壁与管道接口处脱节、错口以及渗漏等，这些缺陷多数是由于检查井的下沉、破损等引起的，解决这些问题往往也要从检查井下手，所以，只对管道进行检测评估，而忽视对检查井的独立检测评估，不利于对整个管道系统的运行状况的全面了解。

检查井的缺陷和地下管道不同，有些缺陷直接或间接地暴露在人们的视线之内，易受到公众的监督。在检查井自身的一些缺陷中，有些对市政设施的总体运行造成不利影响，但同样类型的缺陷处在不同的位置，则不会造成影响或影响很小，关键要看检查井的部件是否影响其他市政设施的正常运行，是否给人们生活带来麻烦，同时也要看是否存在安全隐患，检查井缺陷所引发的安全事故常常高于管道。

3. 缺陷位置的空间表达

检查井缺陷的空间位置表达方式与管道类似，用竖向和环向组合共同来表达（图 6-10）。竖向表达是指缺陷位置离开地面的垂直距离。环向表达采用时钟表示法，时钟定位是 12 点指向正北。例如，从正东面到正南面有一环向裂口，那么该缺陷的环向位置则表达为 0306。若西北方向有一渗水，则表达为 0011。

检查井位置表达的精度无须像管道要求那么严格，环向位置不要出现明显的方位错误，竖向精度不要出现部件

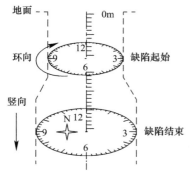

图 6-10 时钟表示法示意图

性的错误，如井筒的缺陷不要按照竖向错误的距离定位到了下井室，这会给修复方案和经费预算带来很大的差异。

4. 缺陷成因

城市道路检查井在使用过程中，检查井及井周出现井盖失稳、破损、下沉、井周环裂、沉陷等多种形式的病害，交通荷载是导致检查井上述缺陷的直接因素，但交通荷载并不是引起检查井缺陷的单一因素，检查井自身的老化、腐蚀、渗漏等因素和外力的混合作用，共同产生了检查井的病害。造成缺陷的主要原因有以下方面：

（1）自然老化

排水检查井在施工完工后投入运营过程中，检查井盖座长期受外力的冲击，这种外部因素造成不均匀沉降，井内部件受污水和气体的腐蚀，这种内外共同作用，所形成的老化作用，远比管道老化得快。在我国，城市交通流量的过快增长，排水的超负荷运行，水流的长期冲击，污水或硫化氢气体对管道和井的腐蚀，其他工程的影响，人为的损坏，都是加速检查井老化的原因。

（2）设计脱节

道路设计针对性不强，存在重线形、轻结构的现象，忽略道路与市政公用设施衔接处的特殊处理，往往只是按常规设计对待，处理范围不足，用料不当。管线工程布设不合理，没有充分考虑检查井设置位置的合理性，致使检查井频繁受到外部车辆荷载冲击作用。检查井结构设计与实际应用脱节，普遍存在检查井设计标准偏低、结构设计欠妥等问题。

（3）施工质量差

施工管理者和操作者质量意识淡薄，不按技术规程操作施工，违章作业。检查井砌筑质量差主要表现在：井周混凝土强度不足、检查井基础偏软、井圈安放坐浆不实、砌筑砂浆不饱满、砌筑用砖强度不足等。回填土的土料质量及回填质量达不到要求也是施工过程中经常发生的，检查井周边回填土及路面碾压不密实。

（4）运行养护不到位

检查井井周出现轻微病害未及时封闭或加固路基处理，造成路面渗水，进一步加快井周道路结构破坏；传统人工修复质量欠缺，对井口边缘处凿挖不到位，铺筑沥青混合料时没能将路面与井口压实平整，就会造成井口标高低于周围路面，形成井口沉降的假象。运行中的管道的维护欠缺，未能定期检查、疏通和维护，加上设施不完善，常有垃圾杂物流入管道，长期淤积，加大了管道的负荷，污水涨满外流造成检查井基底、路基浸泡，引起检查井病害。

（5）井盖、框材劣质

出厂井圈盖质量差，造成安装后检查井缺陷。我国现行井盖标准繁杂，有铸铁、复合材料、钢纤维混凝土等多种标准，其承载力标准参差不齐。各种检查井盖本身加工质量不达标，如井盖与井框缝隙过大、不平整、错台等，造成井盖"响、活、裂、沉"等现象。

6.1.3　检查井检测

1. 开井方法

除地面巡视外，采取人工目测和仪器检测都需要打开井盖。目前采用的开井方法主要有人工开启和机械开启。人工开启是检查人员借助撬棍（杆）、铁钩、洋镐、铁锤和开井器（图6-11）等开井工具来移除井盖。机械开启是利用工程车上的车载吊钩吊除井盖，完全不需要人力。在管道检测时，开井检查一般都采取前一种方法，机械开启的方法一般都用在特别难打开的检查井。井盖材质有金属和非金属之分，强度不同，在选择开井工具时，要考虑是否对其进行损伤或破坏。

铁钩　　　　　　　　　　　　　　　洋镐

德国开井器　　　　　　　　　　　中国上海市开井器

日本开井器

图6-11　各种开井工具

检查井开井调查工作的进度与被调查区域里井盖的开启难度有关，检查井养护频次低的区域，井盖就难以打开。据江南某城市统计，检查井盖用铁钩能开启的占全部井盖的

128

25%，平均每个开启时间为 2min。洋镐能开启的占 58%，时间为 3min。大锤砸破开启的占 17%，两个工人需要 40min。

在开启压力井盖、带锁井盖和排水泵站出水压力池盖板等井盖时，须采取防爆措施。由于压力井盖长年暴露在外或长期封闭地下，风吹日晒、潮湿，容易锈蚀，正常开启比较困难，又因井内气体情况不便检测，无法确认其是否存在易燃易爆气体，因而无法保证安全作业环境，如贸然动用电气焊等明火作业容易发生爆炸事故，造成人员伤亡。

2. 检测内容

检测的内容是根据业主的要求以及检测方法而定的。检测的结果既要定性表达，也要定量。打开井盖后，检测人员在地面或进入井室，在可视范围内，能够检测到的内容通常有：

（1）核实管道埋深、井底深度和管径大小；

（2）防坠设施的完好度；

（3）踏步（又名：爬梯）的完好度；

（4）井壁保护层和结构情况；

（5）管道与井壁接口完好度；

（6）外来水渗水情况；

（7）异物、淤积程度和淤积性质；

（8）井壁结垢情况；

（9）水位高度、水质观感；

（10）异常臭味。

人工下井检测虽具有较高的可行度，但成本和危险度也较高，若采用专用仪器检测，除了上述内容的大多数项目外，还能进一步使其量化，获得影像、大小和范围等更广的数据信息，并且不易遗漏。这些内容主要包括：

（1）检查井内壁和井底全部视频或图片；

（2）检查井内室和井筒三维模型；

（3）检查井严密程度。

3. 检测方法

（1）开井目测

开井目测是通过打开检查井井盖，检查人员站在井口地面上合适的位置，观察井内部结构、积泥、垃圾、水位、水质和漂浮物等情况来判断管道运行状况。它是人工检测中最为常见的方法，尤其在井内水位不高时（水位在管口以下），可借用自然光或手电筒等照明装置，能用肉眼清晰查看井内现状。例如通过观察同条管道相邻检查井井内的水位，确定管道是否堵塞。观察检查井内的水质情况，如果上游检查井中为正常雨污水，下游检查井内为黄泥浆水，说明管道存在破裂或错位等结构性问题。开井检查是为查清管道结构状况、过水现状、养护质量以及雨污混接等情况的重要检查方法，是为更细致的检查前提供预判。

开井检查不同于井上地面巡视，它毕竟要打开井盖观测。开井检查有时和地面巡视同步进行，尤其是在巡视过程中发现检查井周围出现塌陷、冒溢、积水等情形时，打开井盖检查往往是必须要做的工作。

打开井盖后，由于井的结构不同，井内的水位和淤积情况也不尽相同，可视范围千差万别。根据开井检查的目的，确定本次观察的结果能否符合要求，若不能满足，应思考下一步使被检部位暴露的方法，也可提出使用其他检测方法的建议。一般来说，地下水位低的城市或地区，实施开井调查的方法效果较好。开井检查的作业流程可参见图 6-12。

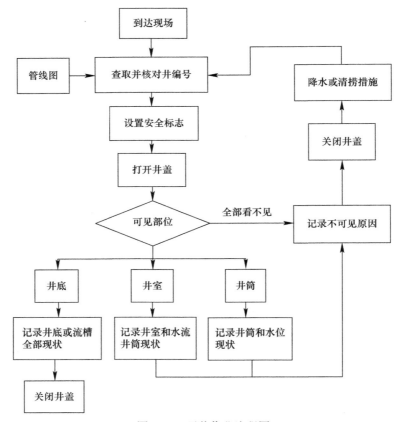

图 6-12　开井作业流程图

检查井一般都分布在城市道路上，检查人员人身安全至关重要，必须身着带有反光条的安全服装，头带安全头盔，脚穿钢包头劳保鞋方能到现场开展工作。到达现场后，对照排水管线图找到检查井编号，查看检查井周边环境，主要包括交通、行和井盖压盖等情况。在设置临时性警示标志后，再实施开井作业。打开井盖后，应在适当时间透气后再进行观察，观察时不要让面部紧贴井口，保持适度的距离，若感觉身体不适，应该立即停止观察，远离井口。观察时严禁吸烟或使用明火。开井检查作业时，一般以两个人一组，一个人负责开井，一个人负责记录和安全。

人员站在地面目测时，常常出现"死角"，不能直接观察到井内所有的部位。另一种情形是观察到了疑似缺陷，需要进一步接近确认。这时都需要检测人员进入井内进行贴近观察，使整座井的检查内容保持完善。人员下井检测的有关事项与人员进管的要求相同。

（2）QV 检测

QV 设备是当今最广泛地用于检查井检测的仪器，它具有便于携带、易于操作、反映直观、图像留存、人身安全以及经济实惠等优点。但由于是视频采集，只能拍摄井内没被淹没的井内部件，所以存在着很大的局限性。

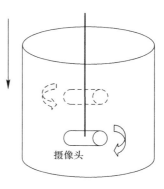

图 6-13　QV 的拍摄
方式示意图

QV 的拍摄方式与检测管道不同。拍摄完井口附近的参照物以后，须不间断继续拍摄，同时将摄像头移至井口内。在井内拍摄的方式是：手持杆从上至下移动，每移动一固定间距，旋转 360 度，顺时针和逆时针交错进行（图 6-13）。拍摄井底时，需要调整摄像头的姿态，以平扫方式拍摄。拍摄的基本原则是保证井内所有暴露部分无一遗漏被拍摄到。拍摄时的主要注意事项如下：

1）由于摄像头与被拍摄物距离较近，光照度过强，会使图像发白。缓慢调整灯光控制键，直到获得清晰图像位置；

2）手持杆快速地移动极易造成图像的模糊，同时也给判读人员观看带来不适；

3）发现缺陷时，所有动作都应该停止，只能在静止状况下拍摄，并保持连续拍摄时间超过 10s。

图像的判读和处理方法与管道检测相同。视频中的缺陷应截屏保存，并标注点号及缺陷类型。

（3）严密性检测

在世界上大多数发达国家，检查井是一定要做严密性试验的，而我国基本不进行该项试验，所以检查井的密闭性状况普遍很差，检查井结构性问题的严重程度远远高于管道。实施检查井闭气试验的工作并不复杂，它只需要有专门用于检查井闭气试验的器具即可，该器具只是在一般用于管段闭气试验的设备基础上增加一个井筒封堵气囊（图 6-14）或封堵井盖（图 6-15）而以。

图 6-14　井筒封堵气囊

图 6-15　井盖封堵器

如图 6-16 所示，检查井闭气试验的基本原理就是将检查井作为一个独立的空间，通过负压的方式，来检测这个空间的密封度。

其作业主要流程是：

1）用橡胶气囊封堵检查井里所有管道的进出口；

2）清洁需要安装封堵器位置的井筒或井盖座；

3）选择规格合适的封堵器，将检测气囊安装到人井中。在井口处。安放支架杆，调

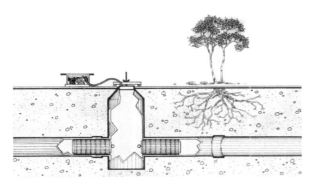

图 6-16 检查井闭气试验

节气囊最佳密封点的位置高度，离检查井顶部越近越好。对气囊加压充气至40Psi，切勿超出该压力值；

4）气囊位置固定后，连接真空泵和气喉软管装置；

5）启动真空泵，开始抽气．打开吸气阀。当气压表读数为 10 英寸汞柱（254 毫米汞柱，相当于负压 5psi）时，关闭阀门，停止抽吸；

6）连接封堵器的气嘴，空压机实施充气或抽吸；

7）按照美国 ASTM 测试时间要求（表 6-5），进行测试。比如：井口 Φ48 英寸（Φ1200mm），深 8 英尺（2400mm），测试时间 20 秒。当气压表读数从 10 英寸汞柱下降到 9 英寸汞柱，说明检查井通过严密性检测。如果泄漏试验不通过，或者真空泵抽吸后，气压达不到 10 英寸（254 毫米汞柱），那要采取如下步骤：

① 中止测试；

② 气囊放气，从人井中取出；

③ 使用 8L 容积手动泵，混合肥皂和水，喷射到井室内每个进水管接口处，北美采用现成混合剂，其呈泡沫状时间较长；

④ 等 30s 后，检查人井内表面，出现肥皂泡区域，就是渗漏部位所在的位置；

⑤ 泄漏被修复后，按如上步骤，重新测试。

美国 ASTM 检查井真空负压测试表 表 6-5

人井深度（Depth）		人井口径（Diameter）		
英尺	$\approx$（mm）	48″（Φ1200mm）	60″（Φ1500mm）	72″（Φ1800mm）
4	1200	10s	13s	16s
8	2400	20s	26s	32s
12	3600	30s	39s	48s
16	4800	40s	52s	64s
20	6000	50s	65s	80s
24	7200	60s	78s	96s
*		5.0s	6.5s	8.0s

＊井深每增加 2 英尺（600mm），时间增加秒数。
以上数据根据 ASTM designation C924-85。

（4）3D 扫描系统检测

3D 扫描系统是专为检查井等密闭空间设计的检测设备，它是由影像采集系统和激光测距系统组成。与 QV 相比，它可以从多个角度捕捉检查井每一处图像，且检测速度是 QV 的四倍以上。这种设备操作简单，只需把这个设备放到井里，打开它，然后把它收回，几乎所有工作都是全自动的，拍摄的质量和数量都无须人工把控。

影像采集系统根据生产厂商设计的不同，目前市面上有 2 个 185 度广角高保真数码摄像头（图6-17）和5个高分辨率摄像头（图6-18）两种组合模式。前一种是将两个摄像头分别布设在上下方，即拍摄方向均处在垂直状。后一种是在下方（拍摄方向垂直）布设一个，另外四个则布设在侧面，即拍摄方向处在水平状。

图6-17　2镜头组合式　　　　　　　　图6-18　5镜头组合式

　　在影像采集的同时，激光测距系统获得一定密度且影像相对应的点的空间数据，形成一个完整的360检查井的透视图和检查井三维点云图模型（图6-19），可以从任何角度查看。所采集到的分片影像，可自动完成拼接，展开成一个平面，直接在屏幕上观看整个检查井内壁表面纹理图像（图6-20），这些视图都可以直接量测，即可测得井壁或管口物体和缺陷的大小。这些系统都有强大的软件系统作为支持，能帮助人们分析。

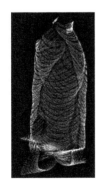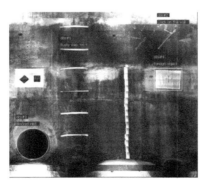

图6-19　3D点云图　　　　　　　　图6-20　展开平面影像及局部

4. 评估

　　检查井评估的主要目的是根据评估的结果数据，准确地反映检查井的现状，分出需要整治的轻重缓急，制定最优的修复、养护和资源配置方案，为未来设计、施工、工程预算和管理活动、研究提供了基础而大量的标准数据。

　　美国NASS（National Association of Sewer Service Companies）公司研发的Manhole Assessment and Certification Program（MACP）系统，经过数年的完善和运用，到现在已经成为美国检查井评估工作中认可度非常高的评估方法。检查井检测依照MACP标准执行。检查井工作人员使用标准编码完成对所有缺陷的编码，检测数据借助PACP辅助软件进行评估。检查井的评估内容包括检查井实际结构、缺陷、维修情况和操作项目，以数据库形式记录缺陷种类、缺陷描述和相对应的状况评分。

德国采用抽样调查，概率统计的方法来评估排水检查井。从井盖、盖座损坏、爬梯损坏、井体漏水、接口损坏和裂缝等几个方面来进行发生频率的统计。然后根据已划定的数值标准（3 为经常发生，2 为较经常发生，1 为罕见，0.5 为很罕见）来评估排水检查井的状况。

目前我国的相关技术标准中，只提及检查井需要检查的项目、缺陷类型以及部分缺陷的限制性数据，缺少像管道一样，对检查井的结构和功能进行整体评估。本章节根据国外一些国家的做法以及国内部分学者研究的成果，提出简单分值法和权重法。

（1）简单分值法

简单分值法评估的最小单元为单一检查井，是将 A 类缺陷按其种类及程度，对照事先专家和经验赋予的分值，分值区间为 0～10，最后检查井的总体评分取该井所有缺陷的最大值。这是一种简单评估法，它的原则是将缺陷的危害程度和影响范围结合起来，分值越大表明缺陷需要整治的紧迫程度越高。对于一检查井而言，会存在多个不同分值的缺陷，最大分值的缺陷是需要放在第一位对待的，其他缺陷就显得次要了。因为在实际整治工作中，一旦最大分值的缺陷得以修复了，其他的缺陷会随之消除，或得以减轻。另外，检查井不像管道，其空间范围较小，各种缺陷的叠合度较高，可以不考虑其延展性，所以在对某检查井整体下结论时，应该按照下列公式找出问题最严重缺陷的分值作为最终评估结果。

$$M_m = \max (F_1, F_2, \cdots F_n) \tag{6-1}$$

$$M_r = \max (S_1, S_2, \cdots S_n) \tag{6-2}$$

式中 M_m——检查井功能性总体分值；

M_r——检查井结构性总体分值；

F_n——功能性缺陷分值，查表 6-7 获得；

S_n——结构性缺陷分值，查表 6-8 获得。

M 值亦是 0～10，分值越高表明检查井的状况越差，修理或养护的紧迫程度越高，详见表 6-6。

检查井整体评价等级划分表　　　　　　　　　　　　　表 6-6

评估类型	评价和建议		
	M<4（1级）	4≤M<7（2级）	M≥7（3级）
结构性	无或有轻微损坏，结构状况总体较好。 不修复或局部修复	有较多损坏或个别处出现中等或严重的缺陷，结构状况总体一般。 尽快安排计划，局部修复	大部分检查井结构已损坏或个别处出现重大缺陷，检查井功能基本丧失。 紧急修复或翻新
功能性	过水断面损失很小，水流畅通，功能状况总体较好。 无须养护	过水断面损失较大，水流不够畅通，功能状况总体一般。 须安排计划，尽快养护	过水断面很小或阻塞，水流严重不畅，功能状况总体较差。 须紧急养护

列入功能性评估的缺陷一共有 6 种，结构性缺陷一共有 11 种，每种缺陷的等级分为 2 至 4 级，每一级授予不同的分值（详见表 6-7 和表 6-8）。

功能性缺陷分值表

表 6-7

类型	等级	描述	特征和指标	分值 F
沉积 JACJ	1	轻微：少量软质沉积	<20%	0
	2	中度：硬质沉积深度小于管径 1/5 或软质沉积较多	20%～40%	5
	3	重度：硬质沉积深度大于管径 1/5 或软质沉积很多	40%～90%	7
	4	堵塞：大量沉积，已形成淤塞	>90%	10
结垢 JAJG	1	软质：软质泥垢等附着在井壁，易清除	含水量高	1
	2	硬质：长期未清洗形成的硬质污垢附着在井壁	形成板结	5
障碍物 JAZW	1	轻微：过水断面损失不大，能方便移除	<5%	1
	2	中度：过水断面损失较大，但水流基本保持畅通	5%～20%	3
	3	重度：过水断面损失 1/5 以上	>20%	7
树根 JASG	1	轻微：影响水流轻微，过水断面损失较小	<20%	1
	2	中度：过水断面损失较大，但水流基本保持畅通	20%～40%	6
	3	重度：过水断面损失 2/5 以上	>40%	8
浮渣 JAFZ	1	轻度：零星漂浮物，占水面面积很小	<30%	1
	2	中度：较多漂浮物，占水面面积较大	30%～60%	3
	3	重度：大量漂浮物，占水面面积很大	>60%	5
盖框错台 JACT	1	间隙小于 8mm，盖框垂直错开距离未超限	+5～−10mm	0
	2	间隙大于 8mm，盖框垂直错开超限	>+5mm，<−10mm	5

结构性缺陷分值表

表 6-8

类型	等级	描述	特征和指标	分值 S
破裂 JAPL	1	裂纹：没有明显缝隙，井体结构完好	单向	1
	2	裂口：缝隙处能看到空间，无脱落，井体构件未明显移位	单向	3
	3	破碎：单处或多处裂口，且井体构件产生明显移位	复合向	7
	4	坍塌：井身垮塌或整体结构变形	复合向	10
渗漏 JASL	1	渗水：井内壁上有明显水印，未见水流出	湿润	1
	2	滴漏：有少量水流出，但不连续	线状	3
	3	线漏：少量连续流出	少量有压	5
	4	涌漏：大量涌出	大量有压	8
错口 JACK	1	轻度：错位距离较小，少于管壁厚度 1/2	0.5 倍	3
	2	中度：错位距离较大，接近 1 个管壁厚度	0.5～1.0 倍	5
	3	重度：错位距离很大，产生空间距离接近 2 个管壁厚度	1.0～2.0 倍	7
	4	严重：错位距离非常大	2.0 倍以上	9
脱节 JATJ	1	轻度：脱开距离较小，少于井身厚度 1/2	0.5 倍	3
	2	中度：脱开距离较大，接近 1 个井身厚度	0.5～1.0 倍	5
	3	重度：脱开距离很大，产生空间距离接近 2 个井身厚度	1.0～2.0 倍	7
	4	严重：脱开距离非常大	2.0 倍以上	9
井基脱开 JAJT	1	轻度：没有明显缝隙	裂纹	1
	2	中度：有明显缝隙，一般有地下水或土体流入	裂口	8
	3	重度：从脱开的缝隙处可见周边土体，或土体大量进入	结构严重分离	10
异物侵入 JAQR	1	轻度：在水流穿越井内空间的上方，几乎不影响养护作业	上井室、井筒侧	1
	2	中度：处在水流穿越井内空间的上方，影响养护作业	上井室、井筒中	3
	3	重度：处在井内流域空间以内，影响过水断面较少	断面损失≤10%	6
	4	严重：处在井内流域空间以内，影响过水断面较大	断面损失>10%	8

类型	等级	描述	特征和指标	分值S
流槽破损 JACS	1	裂纹：没有明显缝隙，槽体结构完好	单向	1
	2	裂口：缝隙处看到空间，槽体未明显移位	单向	2
	3	破碎：单处或多处裂口，且槽体产生明显移位	复合向	5
	4	坍塌：槽体垮塌或整体结构变形	复合向	7
腐蚀 JAFS	1	轻微：表面形成凹凸面，抹面材料未见剥落		1
	2	中度：抹面材料脱落，但井身主体结构材料未见剥落		3
	3	重度：井身主体材料小面积剥落，结构强度明显降低	<25%	6
	4	严重：井身主体材料大面积剥落	>25%	7
井盖凸凹 JATA	1	高差不超限：路面井小于5mm，非路面井小于20mm	≤5mm，≤20mm	0
	2	高差超限：路面井大于5mm，非路面井大于20mm	>5mm，>20mm	5
井框破损 JAKP	1	井宽轮廓完整，表面有裂纹，能完全固定井盖		1
	2	破损部分小于等于井框周长的10%	≤10%	2
	3	破损部分大于井框周长的10%	>10%	4
井盖破损 JAGP	1	井盖轮廓完整，表面有裂纹，不影响承重		1
	2	破损呈面状，不超过整个井盖面积的10%	≤10%	5
	3	破损呈面状，超过整个井盖面积的10%	>10%	8

（2）权重法

与管道评估的权重法思路相类似，以单一检查井为评估对象，依据各种缺陷所给定的权重，乘以缺陷的体量，综合后得到缺陷的强度参数。再添加管道重要性、地区重要性以及土质差异性等其他要素的影响，最终获得检查井的修复指数 RI_M 和养护指数 MI_M，以 $0\sim10$ 来表达，其数值的含义见表6-9。

检查井状况评定及治理建议　　　　表6-9

评估类型	评价和建议		
结构性	$RI_M<4$（1级）	$4\leq RI_M<7$（2级）	$RI_M\geq7$（3级）
	无或有轻微损坏，结构状况总体较好。 不修复或局部维修	有较多损坏或个别处出现中等或严重的缺陷，结构状况总体一般。 尽快制定修理计划，局部修复	大部分检查井结构已损坏或个别处出现重大缺陷，检查井功能基本丧失。 紧急修复或翻新
功能性	$MI_M<4$（1级）	$4\leq MI_M<7$（2级）	$MI_M\geq7$（3级）
	过水断面损失很小，水流畅通，功能状况总体较好。 无须养护	过水断面损失较大，水流不够畅通，功能状况总体一般。 须安排计划，尽快养护	过水断面很小或阻塞，水流严重不畅，功能状况总体较差。 须紧急养护

养护指数和修复指数的计算流程分成两步：

1）第一步：计算和检查井自身关联的功能性缺陷参数 G 和结构性缺陷参数 F。

$$G=0.25\times Y(当\,Y<40\,时)\ 或\ G=10(当\,Y\geq40\,时) \qquad (6-3)$$

$$F=0.25\times S(当\,S<40\,时)\ 或\ F=10(当\,S\geq40\,时) \qquad (6-4)$$

式中损坏状况系数 Y 和 S 按下列公式计算。

136

$$Y(S) = \frac{100}{L} \sum_{i=1}^{n_1} P_i L_i \qquad (6-5)$$

式中 L——被评估检查井的井深（cm）；

L_i——第 i 处缺陷竖向长度（cm）（以个为计量单位或竖向长度小于等于 10cm 时，$L=10$）；

P_i——第 i 处缺陷权重，应查表 6-10 获得；

n_1——缺陷总个数。

表 6-10 中的权重系数和管道相类似，其中分级原则的具体解释可参见表 6-7 和表 6-8。部分缺陷的分级比简易分值法更细，更加量化。计算得到的缺陷参数除了体现缺陷深度和广度外，还考虑了缺陷对不同大小检查井所造成影响的分量。

缺陷等级及权重一览表　　　　　　　　　　表 6-10

缺陷代码、名称		缺陷等级及权重				计量单位	分级原则
		1	2	3	4		
结构性缺陷	JAPL 破裂	0.2	1	4	12	个或厘米	裂纹、裂口、破碎、坍塌
	JACK 错口	0.15	0.75	3	10	个	管壁厚度倍数
	JATJ 脱节	0.15	0.75	3	9	个	井身厚度倍数
	JASL 渗漏	0.15	0.75	3	9	个或厘米	渗透、滴漏、线漏、涌漏
	JAFS 腐蚀	0.15	0.75	4	9	0.1 米	腐蚀深度
	JAQR 异物侵入	0.75	3	5	7	个	过水断面损失百分比
	JACS 流槽破损	0.05	0.15	3	5	厘米	裂纹、裂口、破碎、坍塌
	JAKP 井框破损	0.05	0.15	3		个	损坏周长百分比
	JAGP 井盖破损	0.05	4	7		个	损坏面积百分比
	JAJT 井基脱开	0.1	6	11		个	裂缝、裂口、井基脱离
功能性缺陷	JACJ 沉积	0.01	2.25	5	10	个	过水断面损失百分比
	JAJG 结垢	0.02	1.75	4	8	个或厘米	软、硬质、分布面积
	JAZW 障碍物	0.05	3	7		个	过水断面损失百分比
	JASG 树根	0.25	4.15	8		个	过水断面损失百分比
	JACT 盖框错台	0.01	2.05	4		个	井盖和井框间隙和高差
	JABT 坝头	0.5	3	8		个	过水断面损失百分比
	JAFZ 浮渣	0.05	0.15	5		个	占井内水面面积百分比

2）第二步：综合其他因素，计算养护指数（MI_M）和修复指数（RI_M）。

检查井存在着缺陷，其养护和修复的紧急程度还与主管道口径、所在的位置以及周围的土质有关。管径大的检查井，通常井室也很大，出现缺陷后所影响的服务范围也很大。检查井所处的地理位置也是需要考虑的因素，涉及城市敏感区域的检查井，比非敏感区域的要更加重视。检查井周围不同土质与缺陷共同作用的结果会产生不同程度的危害，同时也会有缺陷发展速度的差异。综合主管径重要性 E、地区重要性 K 以及土质 T 等参数，分别按照下列公式计算两种指数：

$$MI_M = 0.8 \times G + 0.15 \times K + 0.05 \times E \qquad (6-6)$$
$$RI_M = 0.7 \times F + 0.1 \times K + 0.05 \times E + 0.15 \times T \qquad (6-7)$$

式中的 K、E、T 值可从表 6-11 中获得。表中主管径是指通过检查井的管道主线管径，当遇到在同一检查井里，主线上的上下游管径大小不一时，应选取较大口径的 E 值。

K、E、T 值对照表　　　　　　　　　　　　　表 6-11

参数类型	K、E、T 值			
	10	6	3	0
重要性参数 K	政治、商业中心区，交通主干道等。	交通干道和其他商业区域	其他行车道路	其他区域或 G＜4 或 F＜4 时
主管径参数 E	$D \geq 1500mm$	$1000mm \leq D <$ $1500mm$	$600mm \leq D <$ $1000mm$	主管径＜600mm 或 F＜4 或 G＜4
土质参数 T	粉砂层、淤泥等	无	无	一般土层或 F＝0

6.2 雨水口检查

6.2.1 基本知识

雨水口是雨水管道或合流管道上收集地面雨水的构筑物。地面上的雨水经过雨水口和连接管流入检查井。它一般设在交叉路口、路侧边沟的一定距离处以及设有道路边石的低洼地方，以防止雨水漫过道路或造成积水。道路上的雨水口的间距一般为 25～50m（视汇水面积大小而定）。

雨水口一般由进水蓖、井身和连接管三部分组成。进水蓖的材质一般有铸铁、混凝土、复合材料等（图 6-21）。

铸铁

混凝土

复合材料

图 6-21　不同材质雨水口

街道雨水口的形式有边沟雨水口、侧石雨水口以及两者相结合的联合式雨水口三种（图 6-22）。边沟雨水口的进水箅是水平的，与路面相平或略低于路面；侧石雨水口的进水箅设在道路侧石上，呈垂直状；联合式雨水口的进水箅呈折角式安放在边沟底和侧石侧面的交汇处。

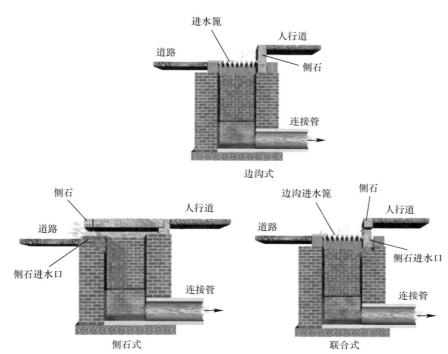

图 6-22　街道雨水口的形式

新型的雨水口还增加了垃圾拦截（图 6-23）或防臭装置（图 6-24）。

图 6-23　雨水口网篮

雨水口的缺陷也可分为功能性和结构性，由于基本都分布在道路两侧，且深度普遍较浅，井室空间也很小，所造成的危害远远低于检查井，它的最大危害就是雨天时，收集范围的地面会造成积水。通常雨水口的检查也比较简单，按照相关标准对照项目进行便可。

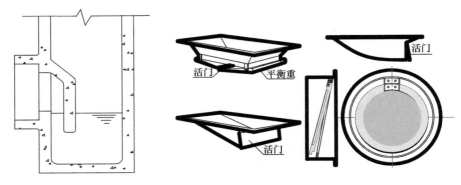

图 6-24　防臭装置

6.2.2　雨水口检查

雨水口检查方法较为简单，通常采取巡视和打开雨箅子目测，也可以利用 QV、反光镜等极易设备协助取景观察。现场检查时一般都需要进行影像采集，便于信息管理和后期整改措施的计划制订。雨水口的检查项目如表 6-12 所示：

雨水口检查的基本项目　　　　　　　　　　　　　　　表 6-12

外部检查		内部检查	
项目	结论格式	项目	结论格式
雨水箅丢失	□ 有　□ 无	铰或链条损坏	□ 完好　□ 损坏　□ 缺失
雨水箅破损	□ 有　□ 无	破裂	□ 无　□ 有　□ 倒塌
雨水口框破损	□ 有　□ 无	抹面剥落	□ 有　□ 无
盖框间隙超限	□ 有　□ 无	积泥或杂物	□ 无　□ 少量　□ 大量
盖框高差超限	□ 有　□ 无	水流受阻	□ 无　□ 轻微　□ 阻塞
孔眼堵塞	□ 全堵　□ 部分　□ 无	私接连管	□ 有　□ 无
雨水口框突出超限	□ 有　□ 无	渗漏	□ 有　□ 无
异臭	□ 有　□ 无	连管异常	□ 有　□ 无
路面沉降或积水	□ 有　□ 无	防坠网	□ 完好　□ 损坏　□ 缺失
其他	文字叙述	其他	文字叙述

除了按照表 6-12 的项目对照检查外，检查时还应注意以下事项：

（1）旱天时，注意地面是否有径流污水进入雨水口，特别是不间断的情况；

（2）发现雨水口部件损坏情形，应该备注其损坏范围尺寸以及规格；

（3）上表中孔眼堵塞是指树叶、垃圾等容易清扫的情形，若遇其他难以祛除的堵塞形式，应该专门加以说明。

6.3　排水口检查

6.3.1　基本知识

排水口又称出水口，一般设在水系的岸边，它的位置和形式通常根据出水水质、水体的水位及变化幅度、水流方向、下游用水情况、边岸变迁情况和夏季主导风向等因素确定。狭义的排水口是指管渠接入自然水体的排放口，有开放式流口和封闭式流口之分，前者通常是与水系无隔离措施，而后者则安装鸭嘴阀（图 6-25）、拍门（图 6-26）以及止回堰（图 6-27）等防倒灌设施。根据其所处的排水体制，又可分类为污水排水口、雨水排水口和合流排水口。在分流制地区，污水排水口是不允许存在的，但现实情况确有此类发生，导致这一现象的原因很多，主要有市政污水管网敷设不到位、雨污分流改造不彻底以及私自违规排放等。

图 6-25　鸭嘴阀

图 6-26　拍门

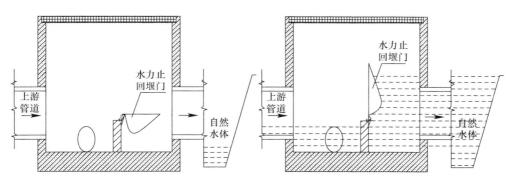

图 6-27　水力止回堰门

　　广义的排水口是指排水口本身以及与其相关联的设施总称，它包括排放口本体、连接排口管道、截流管道、截流堰、截流井和截流泵站等。广义的排水口主要包括以下两大类：

　　（1）普通排水口：分流制污水直排排水口、分流制雨水直排排水口、分流制雨污混接雨水直排排水口、分流制雨污混接截流溢流排水口和合流制直排排水口、合流制截流溢流排水口；

　　（2）特殊排水口：泵站排水口、沿河居民排水口和设施应急排水口。

　　泵排系统也称为强排系统，泵站排水口是通过泵站提升，进行集中排水的排水口。一般分为分流制雨水泵站、合流制提升泵站和截流泵站。

　　设施应急排水口是指为了防止污水泵站、合流泵站和污水处理厂停电、设备故障等事故期间发生水淹事件，而设置的超越泵站、污水处理厂的事故排水口。

为便于现场记录简便和计算机管理，每一种排水口都赋予一个代码，详见表 6-13。

排水口代码和类型一览表   表 6-13

代码	排水口类型	代码	排水口类型
FW	分流制污水排水口	HJ	合流制截流溢流排水口
FY	分流制雨水排水口	JM	沿河居民排水口
FH	分流制雨污混接雨水排水口	B	泵站排水口
FJ	分流制雨污混接截流溢流排水口	YJ	设施应急排水口
HZ	合流制直排水口	X	暂无法判明类别排水口

6.3.2 排水口检查

排水口检查通常采取岸边步行巡视和乘船巡视两种形式，以直接目测为主，辅以反光镜、QV 等简单仪器工具。检测时必须要作书面记录，同时现场获取影像资料。排水口的检查项目一般包括表 6-14 中所列的内容。

排水口巡视检查内容   表 6-14

巡视检查内容			
项目	结论格式	项目	结论格式
单向设施丢失	□ 有　□ 无	止回堰损坏	□ 完好　□ 损坏　□ 缺失
拍门破损	□ 有　□ 无	出水口结构破裂	□ 无　□ 有　□ 倒塌
鸭嘴阀破损	□ 有　□ 无	出水口封堵	□ 有　□ 无
间隙	□ 有　□ 无	积泥或杂物	□ 无　□ 少量　□ 大量
淤泥、垃圾等遮蔽	□ 有　□ 无	口内水流受阻	□ 无　□ 轻微　□ 阻塞
其他	文字叙述	其他	文字叙述

由于排放口未经批准擅自设置等原因，从城市地图中经常难以知道足够的排放口位置信息，因此需要通过实地考察来核查及更新排放口信息。即使对于新开发区域而言，虽然对管网和排放口位置分布的掌握是准确和详细的，但是这些排放口坐标可能还没有被转换到城市地图上。一些城市建立了城市排放管网 GIS 系统，但是缺乏旱流混接排放口与排水系统服务区域之间的关联关系。排放口的调查，通常要采取沿河流人工排查的方式。当一个排放口被定位后，应当进行标记（喷漆或其他手段）。如果受纳水体是条小河，沿河镗水调查相对容易；如果受纳水体难以蹚过，则需借助小船或独木舟。水面下的排放口较难发现，一般需要仔细观察河岸附近的雨水管道检修孔。对潮汐水体或者受洪水影响涨水河流，应当在退潮或低水位时进行观察，这时排放口容易暴露出来。很多城市有滨河步道，可以在步道上骑自行车排查，也可以使用无人机从空中进行调查，其好处是相对地面而言，比较容易发现排放口的溢流出流现象。排放口调查过程中应尽可能多记录排放口的特征信息。通常需要两个人作为一组进行调查，而非一个人单独行动。

由于自然水系涨落的变化，导致排水口常常位于水面以下，这给排水口的定位工作带来困难，简单的方法是人工手持竹竿沿堤岸捣捅，凭手感得知排水口的存在。这种方法虽简单易操作，但人员劳动强度比较大，且在一般情况下，需要船、舟、筏等载人漂浮设施协助。这种方法更大的缺陷在于容易遗漏掉排水口的存在，虽说有地面检查井或管道的引导参考，但在偌大面积的堤岸侧面无一遗漏地找到排水口，不是件易事。声呐则可有效地解决这一难题。沿堤岸线每隔一定的距离（距离可根据声呐探测到的有效距离决定）设置一探测点，在此点将探头沿垂直于水平面自上向下缓慢移动（图6-28），同时探头保持和堤岸一定的距离（1～3m），当轮廓线出现断开情形时（图6-29），基本可断定排水口的存在，再加大采集密度予以最终确认。

 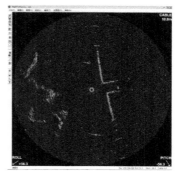

图 6-28　现场检测图　　　　　　　图 6-29　声呐系统显示

6.3.3　排水口入流调查

排水口入流调查工作常常不是调查排水口自身的缺陷，往往是透过排水所产生的一些现象，来评估与某排水口相关联的排水系统的缺陷。一个排水口，对于受纳水体来说，往往就是一个污染源，所以排水口调查是雨污混接调查和外来水调查工作的一部分。在我国，排水口常出现下列情况：

（1）分流制污水直排

在分流制排水体制的城区，由于城市污水管网建设不完善，或污水管监管不到位，生活和工业废水偷排等原因，造成污水管道直接或者就近排入河道。其治理的根本措施是截流污水并封堵污水排水口。

（2）分流制雨水直排

天然雨水水质相对良好，然而由于大气及城市地表污染等各种因素的影响，会有大量成分复杂的污染物通过雨水淋洗、冲刷进入水体，造成地表水环境的污染，尤其是降雨初期阶段。表6-15为中国部分城市的初期雨水水质数据，可以看出小区路面和城市街道的径流污染负荷很高，且浮动范围大，若直接排放会造成受纳水体水质污染。此外，由于地下水渗入管道或检查井，该类排水口也可能存在旱天排水。

国内部分城市初期雨水水质统计（单位：mg·L^{-1}）　　　　　　表 6-15

汇水面	SS	COD	TN	TP
纯雨水	<20	25～43	2.5	0.088
屋面	0～136	4～328	4～4.091	0.22～0.94
小区路面	10～650	6～530	4.9～6.04	0.3～0.53
城市街道	296～2340	95～1420	5.7～13	0.5～5.6

（3）分流制雨污混接雨水直排

在分流制排水系统中，由于雨、污水管道混接，导致雨水直排排水口出水中混入污水，给受纳水体带来水质污染；同时，该类排水口也存在由于地下水渗入造成的旱天排水。例如福州市城区实施分流制改造后，2011年对63条内河的3000多个雨水排水口进行调查统计，发现存在旱天排水现象的雨水排水口有近1400个，约占45.5%（张悦、唐建国，2016）。

（4）分流制雨污混接截流溢流排水

分流制雨污混接截流溢流排水口是在分流制雨水直排排水口的基础上进行截流改造后形成的。旱天和降雨初期混合污水经截流管道输送至污水处理厂，随着雨水径流的增加，当混合污水的流量超过截流干管的输水能力时，就有部分混合污水经截流井溢流后通过排水口直接进入受纳水体。此外，还存在河水通过截流设施倒灌进入截流管道的情况，给污水处理厂进厂污水浓度带来较大冲击。

（5）合流制直排

合流制直排排水口多见于老城区的合流制排水体制中。除了旱天污水直排给河道带来的污染外，雨天雨污合流水还会夹带着管道中的淤泥排入河道。

（6）合流制截流溢流排水

截流式合流制是合流制的重大改进，特别是有较大截流倍数的截流干管的系统，在较大幅度地减少旱天污水排放基础上，也降低了雨天溢流水量。但是，由于地下水渗入、截流干管截流倍数偏低、排放口设置不合理等原因，其排水口存在如上同样的问题。另外，我国大部分合流制污水处理厂在设计时，并没有考虑雨天截流雨污合流水的处理，超过污水处理厂能力的截流水，在污水处理厂末端未经处理排入水体，上海白龙港和竹园污水处理厂就是突出的案例。

（7）强制排水（泵排）

泵排系统，一般由进水总管、格栅、进出水闸门井、吸水井、水泵机组、出水管道、排水口及附属设施等组成。国内许多大中城市采用较多，其排水系统也称为"泵排系统"、"强排系统"。泵排系统除存在上述排水口一些共性问题外，还存在一些个性问题。一是由于水泵机组需要定期试车，试车期间，会将管道内污染物排入河道中。上海在雨水排水泵站内强制设置"回笼水管"，让试车水打循环，但是在雨天开泵时，"回笼水管"中的水仍然排入河道，且污染物浓度很高。二是由于分流制系统污水混接和地下水渗入问题，导致旱天超过开泵水位时，排水泵站频繁启动，发生旱天溢流。上海普遍采用在吸水井加设污水截流泵，旱天将吸水井中的水抽至污水管道系统，同时采用高水位运行（高于地下水水位）方式。这些做法虽然能够在一定程度上，解决旱天频繁启动溢流污染问题，但是在降雨前需要预抽空，以保证雨天排水安全。不解决污水混接和地下水渗入问题，预抽空和雨天排水对河道仍然是构成污染威胁的，许多城市河道"下雨就黑"与此有很大的关系；另外，在排水泵站高水位时，虽然减缓了地下水的渗入，但是雨水泵站截污是没有效果的，而且污水截流泵抽取的主要是渗入的地下水，不但增加了污水系统的水量负担，也降低了污水处理厂的污染物浓度。其根本性治理措施是在对排水管道全面检查的基础上，封堵地下水渗入点，改造雨污混接点。雨水排水泵站能否恢复设计水位运行，是衡量泵排排水口有无溢流污染的唯一标准（张悦、唐建国，2016）。

通过人工巡查和仪器设备检测，摸清排水口的类型、存在的具体问题，获得排水口排放和溢流的水量与水质数据，为排水口及上游管网治理措施提供第一手资料。

通过调查摸清排水口的类型、污水来源和存在的具体问题，掌握排水口排放的水量与水质特征，为提供治理措施提供第一手资料。

调查的主要流程包括：

（1）资料收集和分析

前期调查需要收集的资料包括：设计资料、现状设施资料、维护管理档案等。通过对存档资料的分析与整理，可初步掌握调查区域的排水口地理位置、排水体积、排水口出水形式等。设计资料包括规划文件、管线和设施设计文件等；现状资料包括管线竣工档案、管线勘测资料、地形图等；维护管理档案包括有关单位对排水口的相关监测资料。

对资料分析进行汇总，结合现场初步调查，形成排水口前期调查记录表，作为下一阶段现场调查的基础资料。有多种问题并存时，应予顺排，以说明存在的问题类型。

（2）现场调查

复核前期调查所收集的排水口资料；排查在前期调查中遗漏的排水口；细化溢流排水口污水来源、溢流污染、水体水倒灌等调查和分类；完善前期调查记录表，作为调查报告的主要组成部分。

调查内容包括：排水口基本参数调查、排水口附属设施调查、排水口出水流量测量、排水口出水水质检测、污水来源调查、溢流频次调查。

调查方法包括：降低受纳水体水位、调查岸上检查井、人工检测、潜水检测、QV摄像。

（3）成果编制

调查成果由调查图纸、调查记录表及调查报告组成。同一调查区域的调查成果应使用与当地基础绘制相一致的平面坐标和高程系统；调查成果底图比例尺不应小于1∶1000，宜采用1∶500。调查报告包括排水口调查的项目背景、调查范围、调查时段、调查时气候和气象情况、调查方法及调查结果。调查成果要能够反映排水口数量、尺寸、类别、排出水（溢流水）类别、时间和相应的水质、水量及存在的主要问题等，分类提出治理对策。对于因客观原因无法调查的排水口或存在特殊情况的排水口应予以说明。

思考题和习题

1. 检查井的定义是什么？
2. 什么是接户井？通常处在什么位置？
3. 检查井按照其应用功能分为哪几种？每一种的作用是什么？
4. 盖标错误和非重型井盖各自缺陷的含义是什么？二者有何区别？
5. 破裂和井基脱开两种缺陷如何划分？各自的危害性是什么？
6. 利用QV进行检查井检测时，其拍摄方式应该注意哪些？
7. 简单分值法评估的基本原理是什么？

8. 在采取权重法进行评估时，修复指数和养护指数的计算包含哪些要素？

9. 绘制检查井结构图，并标出每一部件的名称。

10. 简述检查井缺陷的空间位置表达方法。

11. 雨水口的外部和内部检查分别包含哪些项目？

12. 广义的排水口定义是什么？通常包括哪些设施？

第7章 外来水调查

7.1 基本概念

7.1.1 外来水的内涵

广义的外来水是指非本管道应该收纳和输送的水。这是一个相对概念，无论是污水还是清水，只要其进入不该流的管道，都称之为外来水。在合流制地区，地下水渗入排水管道，河流水倒灌进入管道，这些水都是外来水。在分流制地区，对污水系统来讲，地下水和雨水等就是外来水；而对雨水系统来讲，污水和地下水等都是外来水。狭义的外来水是指未被预料的流入污水（合流）管道的水，这类水统称作"外来水"。德国给水、污水、固体废弃物协会（简称 DWA）给出的定义为：外来水是流入污水处理厂的由于房屋、商业、农业或其他使用方式而产生属性改变的水，或者雨水在建筑物及固体表面累积而成的水。日本下水道协会编辑的《排水管道及设施防水措施准则》中，针对合流管和污水管，其外来水只包含地下水和雨水。

在检测时段内，针对某一汇水面积，外来水的多少通常以外来水占总流量的百分比（FWA）（7-1）或外来水量占污水水量（FWZ）（7-2）的百分比来表示：

$$FWA = \frac{Q_F}{Q_T} \times 100\% = \frac{Q_F}{Q_S + Q_F} \times 100\% \tag{7-1}$$

$$FWZ = \frac{Q_F}{Q_S} \times 100\% \tag{7-2}$$

式中　FWA——外来水占比，即外来水所占份额；

　　　FWZ——外来水与污水比；

　　　Q_F——外来水量；

　　　Q_S——污水水量；

　　　Q_T——旱天总流量。

可用下列公式实现 FWA 和 FWZ 之间的换算：

$$FWA = 1 - \frac{1}{FWZ + 1} \tag{7-3}$$

$$FWZ = \frac{1}{1 - FWA} - 1 \tag{7-4}$$

本章讨论的外来水也是流进污水系统或者合流系统的不应该收纳和输送的水。至于混入分流制雨水系统中的外来水，在其他章节中叙述。

7.1.2 来源和路径

根据外来水的来源，可以分为：

（1）来源于地下水的外来水。是指直接从管道或附属设施缝隙、缺陷处流入、渗入的地下水、经渗透进地层的雨水。地下水造成的外来水不会伴随着降雨的发生而出现，往往比地面径流雨水迟缓地流入管道。

（2）来源于雨水的外来水。是指直接从地面随机累积的水源，以及错误流入分流制系统污水管道的水源。包括从井盖孔眼入流的雨水和防汛排涝期间，从污水井直接流入的径流雨水。这部分水伴随着降雨事件的发生而很快产生。同时，也有不易被清晰地归类的渗透水成分，如溪水或者泉水。此外，倒灌流入污水管道自然水体的水也被称作外来水。

外来水进入分流制管道系统中的径流路径见图 7-1。和分流制管道系统相比，在合流制管道系统里雨水不计入外来水量。

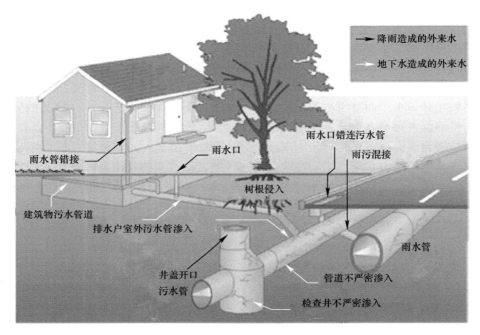

图 7-1 外来水进入分流制排水系统路径

由于管道结构的不密封，地下水可以流入管道之内，比如裂缝、错口、脱节、树根、点状修理处的脱空等管道缺陷以及不密封的检查井，都极易导致管道出现内渗水现象。根据德国 DWA 的问卷调查，与外来水相关的损坏管道份额约占总确定损坏份额的 68%，在检查井设施里约占 30%。私有管道系统总长几乎是公共管道的三倍，并且损坏比例很高，因而渗透率更高。在外来水治理时，这些导致外来水入渗的缺陷需要优先治理消除。

分流制系统中，除了管道结构性缺陷造成的不严密，雨水管道错接到污水管道上是另一个常见的外来水来源。合流制系统中，洪水、涨潮等因素影响，排水口单向阀门的失效，会短暂性或者持续性的形成自然水体倒灌而形成外来水。

7.1.3 外来水的影响

1. 管网和泵站

外来水对管网和泵站产生不利影响主要体现在：

（1）大量外来水增加了管网的水力负荷。分流制系统中的污水管空间被外来水占有，导致污水过水能力下降，可能超出水力负荷，产生逆流和过量溢流现象。

（2）大量外来水导致泵站长时间工作，增加泵启动频次，备用泵启用并连续工作，增加了维护和修理工作。泵站马达和电器部件产生损耗，增加泵站运行费用。

（3）地下水渗入管道的外来水，对管道周边土体冲刷，易形成空洞，最终造成路面塌陷，威胁管道自身安全以及周围其他建（构）筑物的安全。

（4）矿物质高含量的地下水渗入到流量小的污水管中，由于氧化作用产生盐分沉淀（铁和锰结合），可能导致管道堵塞。

（5）流入管道的外来水携带砂、砾等颗粒物进入管网，增加了管网运行清理费用。

外来水对整个排水系统运行也有好的方面影响，主要有：

1）较大的外来水量有利于水中垃圾的运移，减少沉积量，有利于管道疏通养护；

2）外来水的稀释作用，特别是雨水中高溶解氧含量，能缓解污水发臭；

3）外来水的稀释作用，有效降低管道中的硫化氢浓度，同时也减缓了管道内壁的腐蚀速度和程度，也保障了管道维护和运行工作的安全。

2. 雨水排放和雨水池

（1）雨水溢流

在雨污合流制系统中限制合流水量，造成直接排放或通过雨水调蓄池后排放到水体。雨水溢流频次是由多方面因素决定的，外来水的过量加大了雨水溢流频次的增加。产生特定雨量情况下，本不该出现的溢流。

（2）雨水溢流池和蓄水管廊

增加的外来水流量，导致蓄水频次和蓄水时长增加，影响原有雨水蓄水功能的发挥，也导致排水频次和排水时间的增加。

（3）蓄水型生态滤池

外来水流量大导致过滤层积水（特别是冬季），易导致堵塞（板结）、过滤功能故障（特别影响是氨氮降解）以及影响生态滤池植物生长。

（4）雨水沉淀池

雨水沉淀池分成蓄水沉淀池和过流沉淀池，外来水缓慢流入到蓄水沉淀池，在非降雨期也会发生长时间的沉淀溢流。未经控制的外来水流入过流沉淀池，增加污水管网的排水负荷。

（5）管道雨水蓄滞空间

大量外来水使设计的管道雨水蓄滞空间与实际不符，蓄水频率和蓄水时间将增加，可能经常出现超出其蓄水能力的现象，产生城市内涝。

3. 污水处理设施

地下水外来水的进入污水，或者合流制管道，降低了污水处理厂进水污染物浓度，占据了污水处理厂的水量负荷，降低了处理效益。外来水会引起污水水质和水量的变化，对污水处理厂处理效果产生明显影响。污水处理中生物降解的每个过程都会由于外来水增加而有所不同。

外来水对碳化物降解的影响是由于外来水稀释了进水 COD 浓度。由于污水温度降低和酸度降低，对生物降解过程出水浓度的影响，一般情况下不能被确定，对 COD 浓度降低的影响较小。

在硝化反应中，外来水流量增加将产生明显影响。温度下降将影响硝化菌生长和硝化反应的速度，相对于碳化物降解过程，这一过程更加敏感。所以随着外来水流量增加，硝化反应能力将下降。

对反硝化反应影响更大，下降的温度和稀释的污水浓度对降解过程产生不利影响。同时，增加的外来水量和增加的硝酸盐浓度，要求有更好的反硝化反应环境。外来水使管网中对反硝化反应十分重要以及很容易降解的碳化物持续降低，使反硝化反应能力明显下降，下图 7-2 说明该趋势。

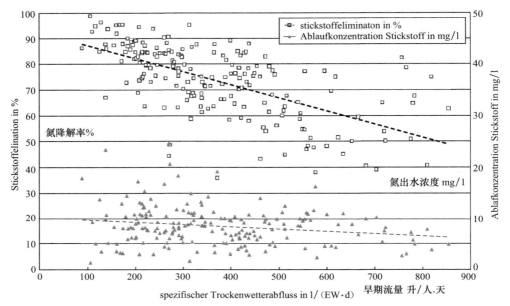

Bild 12: Wirkungsgrad der Stickstoffelielimination nordrhein-westfalischer Klaranlagen > 10.000EW aus den Jahren 2004 bis 2005（Datenquelle：MUNLV Nordrhein-Westfalen）2004~2005年污水水厂（区域超过10000人）氮降解率

图 7-2　污水处理厂氮降解率

除磷主要通过生物过程实现，当处理水体中流入较高硝酸盐浓度、较高溶解氧浓度、较低易降解碳化物浓度，降解能力受到明显影响。由于温度下降和流入相对低磷浓度，除磷能力将进一步降低。化学除磷是通过添加适量的混凝剂达到除磷效果，外来水量对化学除磷没有明显影响。

总体上，运行过程中全部出水浓度指标受到外来水量增加的影响较小，排出总量增加。降解能力总体有所下降。

4. 地表水体

增加的外来水量在通过排水系统排出的过程中受到各种污染影响，从而影响地表水生态水质及地表水的使用，严重时形成黑臭水体。影响程度取决于当地地表水体的自然状态和排水系统的状况。

对于合流制的排水系统，外来水量增加，排水时间增加，导致污染物流入到地表水体的总量增加，这对不同地表水体类型有不同影响。一些有毒、富营养和好氧物质也排到地表水体中。长期的和经常性的排入，将导致有害物质在沉积物中和水生微生物中积累，水生微生物和病毒能在地表水沉积物中长时间生存。有时这一现象在当地看不出变化，但下游的静水区、沿岸区及过渡水体将由于有害物质沉降而出现富营养化问题。

5. 地下水

外来水对地表水产生影响，它与地下水也相互作用。管道渗漏可能造成地下水位下降，也可能导致地下水位的上升，造成环境潮湿或渗水等现象。

受污染的外来水会污染地下水，地下水水位和流量变化可能导致地下污染物的转移，靠近排水管道的地表水体也极易遭受污染。

6. 费用

由于污水排水中外来水量增加，将导致雨水溢流池容积增加，增加相关的投资。也将增加后续排水管网的运行费用，特别是污水泵站的运行费用。

污水处理设施中，外来水量同样影响处理池的大小。由于外来水增加导致污水处理厂一沉池、曝气池和二沉池体积发生变化，影响到投资费用。对于格栅和沉砂池，影响较小。

污水处理厂运行费用主要来自于泵站能耗、氧化沟曝气能耗、除磷中添加的混凝剂费用。外来水量增加，将明显影响运行费用。运行费用和外来水影响程度不同，情况也各有不同。由于增加的外来水量，可能导致污水处理设施不能按正常技术标准运行。对污水排水量产生影响，增加处理费用。

表 7-1 综合列出了由于增加的外来水量，对污水排放的投资和运行费用的影响。

外来水增加对污水排放投资和运营影响 表 7-1

	内容	投资费	运营费
管网	污水管网	△ 外来水量要按大于100%计算	▽ 冲刷作用好，特别是对起始处
	雨水管网	○ 一般无影响	○ 一般无影响
	合流制管网	○ 一般无影响（除一些较大合流污水截流排口）	▽ 外来水流量大时，冲刷作用好
特殊构筑物	泵站	△ 要求提高泵站功率	▲ 运营费用上升
	雨水调蓄池	○ 溢流排水量相应增加，无影响	○ 溢流排水相应增，无影响
	雨水溢流池、蓄水廊道	▲ 池体积增加，同时考虑外来水溢流排放	○ 溢流排水增加，对特殊建筑无影响
	雨水沉淀池（过流无蓄）	○ 外来水溢流排水相应增加，无影响，后面设施相适应大小	○ 溢流排水增加，对雨水沉淀池无影响
	雨水沉淀池（蓄水）	□ 很小影响	□ 无影响，最后可能对自然水体产生影响
污水处理厂	测量设施	▲ 需要扩大水力测量设施，增加对外来水的测量能力	▲ 运营费用增加
	处理过程	▼ 以排放浓度为标准的，理论上无须扩大设施。 ▲ 以排放总量为标准的，需要扩大设施	▼ 排放浓度为标准的，费用轻微下降。 ▲ 对于排放总量为标准的排水，运行费用增加
其他	污水排放	不相关	排放量增加

注：▽ 费用轻微下降 ▲ 费用上升明显 ○ 对费用无影响 ▼ 费用明显下降 △ 费用轻微上升 □ 后期可能有影响

7.1.4 来源于地下水的外来水

地下水是外来水的最主要类型。排水管网系统应尽量保持其严密性，在地下水位高于管底高程的地区，地下水渗入排水管道及设施的现象是无法杜绝的，但渗入的量必须得到控制，地下水大量流入排水管道及设施中，会使应有的排水能力大幅下降。

城市排水管道地下水渗入量是指地下水通过排水管道及其附属的相关构筑物渗入排水管道系统中的水量，根据日本的设计和规划规定，地下水渗入量占最大排水流量的10%～20%。地下水的渗入不但会增加污水处理厂、泵站的运行费用，降低污水的处理效率，而且还会增加合流制污水管道截流干管的水量负荷。美国规范要求新建排水管道系统渗入强度≤45L/(km·mm·d)。德国污水厂操作手册要求污水厂通过夜间最小流量法，每月进行渗入量测定。提出渗入量占污水量的百分比≤25%是可以接受的，不需要采取修复措施。

在我国的GB 50014—2006室外排水设计规范中指出/在地下水位较高的地区，宜适当考虑地下水渗入量，但对不同的地域和不同管道状况下渗入量的取值没有指出具体的数值，在一般情况下可以按照平均日综合生活污水总量的10%～15%计算。

有时把排水管道渗入程度简称为渗入量，其大小常用的描述方法有以下四种：

(1) 渗入量占污水总量（含渗入量）的百分比；

(2) 单位时间单位管长的渗入水量 $m^3/(km·d)$；

(3) 单位时间单位管长单位管径的渗入量 $m^3/(km·mm·d)$；

(4) 单位时间单位服务面积的渗入量 $m^3/(km^2·d)$。

我国上海等个别城市曾针对部分合流制地区开展了渗入量调查工作试点，试点结果显示渗漏程度严重，据推算，上海实际渗入量占污水量的百分比高于 $134m^3/(km·d)$。而德国全国平均渗入量占污水量的百分比为 $13.4m^3/(km·d)$。

在我国城市的分流制地区，由于雨污没有实现严格分流，雨、污系统各自都混流了外来水，所以外来水更加复杂，故而外来水调查除了调查地下水渗入外，还必须进行雨污混接调查。雨污混接调查将在第8章重点阐述。

7.2 外来水调查

7.2.1 调查模式

外来水调查的模式是根据污水处理厂、管道或泵站等设施中运行的水产生异常的具体情况来决定的。外来水调查工作没有统一的明确划分，一般根据排水管道的运行所表现出来的问题以及客户的要求，来决定采取何种调查。如图7-3所示，一般有两种模式，即渗入量调查和雨污混接调查，渗入量调查主要针对合流管道或污水管道，通过这项调查，要得到渗入水量以及渗漏点的位置，它主要是以检查管道系统的严密性为目的，重点是检查引起渗漏的结构性和功能性缺陷。雨污混接调查主要以雨水系统为主要调查对象，污水系统为辅，通过调查，发现错接位置，获取错接后产生的水质和水量，它不以检查管网系统结构性缺陷所造成的渗漏为目的，主要是发现和掌握人为造成排水系统混流的缘由，为消除混接现象提供第一手资料。这两种调查有时为查清楚和解决某问题，需要同时进行。如污水厂入场浓度过淡就是渗入水和雨污混接共同作用的结果，这两种调查必须同时开展。

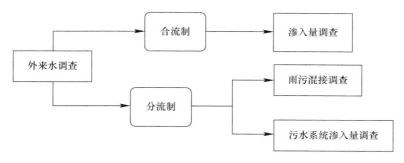

图 7-3 调查模式分类

7.2.2 调查准备

1. 相关信息资料的收集

调查前期的信息收集工作非常重要，它必须真实可靠，关系到外来水源和外来水流量判断的准确性，是开展调查工作的根本依据。这些信息通常包括以下项目：

（1）现有的管网档案资料以及管网维护信息；

（2）现有的管网流量和外来水量、泵站情况、雨水池排放情况、降雨情况。初步掌握的外来水重点区域信息，以便于有重点地进行现场调查；

（3）初步了解汇水区周边水体、土壤等现状等；

（4）管网和污水厂运行的基本资料，提供外来水影响的证据，为未来现场调查、测量指明重点；

（5）汇水区面积、人口、用水量、污水量以及评估数据，确定外来水量；

（6）地下水水位高、变化规律等地质和水文地质资料，确定淹没区，判断地下水上升对管道的影响范围，判断地表水可能流入管网的点；

（7）调查区的历史图形资料便于定位外来水源，制定维护方法。

2. 调查前的判断与分析

大量外来水入渗一般都能从污水处理厂、雨水处理设施、管道和泵站运行状况所表现出来。

（1）污水处理厂状况

通过对运行数据分析，可以初步得出区域外来水量的大小，对于受到外来水负荷影响的区域，调查分析应当选择长期资料分析（至少 1 年）。对于合流制管网，只需对非降雨期数据分析，对于分流制管网要分别分析非降雨期天数和降雨期天数。评估选取污水处理厂月平均运行数据，对月异常数据分析很关键。

外来水流量大将导致污水处理厂承担高水力负荷。对以居住为主的区域，下面信息表明有超量外来水情况：

1）人均月平均污水量在旱天的流量大于 250L/（人·天）

我国城市生活污水一般在 $100 \sim 150$L/（人·天），平均为 120L/（人·天）。农村生活污水一般为 $50 \sim 80$L/（人·天），平均为 60L/（人·天）。北方地区取小值，南方地区取大值。进入处理厂水浓度降低也代表外来水流量增加的现象。

2）进水浓度化学耗氧量 COD 小于 260mg/L（北方地区）和 150mg/L（南方地区）；

COD 浓度值应当尽可能选取污水处理厂进水浓度（在初沉池前来水浓度），如果浓度值是在初沉池后的水体浓度，则必须剔除由于初沉池对浓度所产生的影响。

3）硝酸盐浓度大于 5mg/L

农业区的地下水和由于地下水入渗形成的外来水，通常硝酸盐含量较高。一般情况下，污水中硝酸盐浓度较低，特别在以居住为主的区域，因此，硝酸盐浓度增加也代表了外来水流量增高的现象。通过污水厂进水硝酸盐月平均和进水最高浓度进行分析。在以居民为主区域，进水的硝酸盐浓度超出 5mg/L，也是受到外来水流量影响的证据。

上面所提到的指标是基于主要以居住为主的城市区域以及与之相似的污水情况。但有些汇水区的污水受到工业影响较大，那么这些判断就不一定成立，需要对该区域工业排水量影响进行专门调查分析。

（2）雨水处理设施状况

合流制系统中的雨水溢流池和蓄水管廊，同样有明显的迹象表明上游汇水区外来水流量增加。如经常性、持续性超负荷运行和较长时间排水。设施运行指标和设计的运行指标出现偏差，也可能是由于某一部分区域外来水流量增加造成的，在设计时，没有综合考虑外来水流量的影响。在一个区域内多个处理设施处理负荷很明显不均匀，也是受外来水流量影响的证据，当然也有可能是运行中其他原因造成的，如管道错接乱接，污水量计算错误，汇水区面积计算错误或设施运行中误操作等。

据德国 DWA 的数据，在合流制系统中，下面的运营指标也代表受到外来水流量增加的影响：

1）每年运营天数大于>30d/a；

2）调蓄池溢流时间超过>150h/a；

3）溢流池溢流时间超过>300h/a；

4）雨后调蓄池排水时间超过>24h。

（3）管道和泵站的状况

外来水径流量增加，可以通过以下方式调查：

1）通过对管网运营机构问卷调查，了解外来水来源；

2）监测分流制系统中的污水管的蓄滞和溢流情况；

3）监测污水管网的非法排放；

4）监测地下水渗流情况，通过摄像监测周边清水进水情况。

泵站与规划方案出现运营偏差，一般是由运行操作造成的。总体上，确认由于外来水径流量造成泵站运行异常很困难，因为泵站设计对此有较大的影响。下面也有一些证据说明泵站受到外来水流量增加的影响：

1）在合流或分流制管网中，非降雨期污水泵连续工作；

2）水泵在夏季月份和冬季月份的非降雨期运行时间明显不同；

3）在分流制系统中的排污泵运行状况，在非降雨期和降雨期出现明显的不同。

（4）地下水位状况

地下水位的高低直接影响到渗入量的大小，通过测量调查区域内地下水的分布和水位变化，调查地下水位与地下水渗水量之间的关系。地下水位会由于降雨、涨潮、汲取地下水等原因，发生一定时期或特定季节的变化，所以需要连续测量不少于一年。测量方法有人工定期测量和利用水位计自动记录（图 7-4）两种方法，考虑到调查降雨等短期影响，后一种方法更加适用。

测量地下水位，可以利用已有井口、地下水位观测井等设施，亦可利用已有检查井进行测量（图 7-5）。

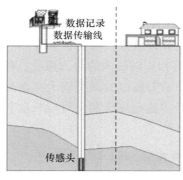

图 7-4　水位计自动记录示意图　　图 7-5　由检查井测量地下水位示意图

7.2.3　外来水量测量

外来水水量是地下水渗水量和雨水渗水量之和。地下水渗入量是指渗入管道设施的地下水量。雨水渗入量是指在分流制系统中，雨水由排水设施及检查井井盖等对面开放部位流入管道或雨水管道错接至污水管道等导致雨水流入管道设施内的雨水水量。降雨时，雨水渗入地下，再通过管道设施缝隙处流入管道的间接水量也称作雨水渗水量。折合成管道单位设施量的渗水量称作渗入强度。渗入强度的单位是 L/(km·mm·d)，即每公里管段长每毫米管径每天渗入多少升，或是 m³/(km·d)，即每公里每天多少立方米。

1. 管段渗入强度现场实测方法

（1）容器量测法

实验前将待测管段两端封堵与系统隔离。管段下游筑挡水堰，堰中埋设引水管至管口下方。用潜水泵抽空下游检查井，将标定了容积的容器置于引水管的下方接纳出水。在待测管段无用户管接入，且无降雨时，出水量即为管段的渗入水量，其流量保持稳定。用秒表计时，通过容积法测算管段的渗入水量。容器量测法的特点是精度高、测定时间短，但不适合口径大、长度长的管段的测量。

（2）标尺水位定量法

对于中间很少或没有支管接入的大管段，实验时将支管接入口和管段两端封堵，并在管段两端且中间必要处的管底垂直安装水位标尺，用以测量相应位置的水深。实验开始时首先抽出待测管段中的积水，然后逐日记录封闭管段中水位上升的读数。在管段坡度基本不变时，两个测点通过积分计算管段内渗入水量的体积。标尺定量法需要的时间较长，但该方法可用于测定很长的大口径管道，且精度高。

（3）抽水计量法

封堵待测管段的两端，并将其抽空。用标尺测量检查井中的水深并记录开始时间 t_1。经过足够长时间后，用潜水泵快速抽水并记录水位降到试验时开始水深的时间 t_2。通过安装水泵出水管上的水表读出累计流量。该累计流量即为对应该时段管段的渗入量。抽水计量法对小口径管段试验误差较大，且试验时间较长。该方法适用于大口径或长管段的试验。

该排水管道地下水渗入量的测定方法适用于测定比较长的管道，选取连续两段长距离的管段包括上游、中游和下游的3座检查井，并且用橡胶气囊严密封堵上游检查井与下游检查井两端及之间管道以及检查井的全部预留孔、进水口、出水口，防止这些孔口有水流入，用潜水泵连续抽去排水管道的上游来水，观测不同历时的管内水位的变化，封堵待测管段的两端并将其抽空，用水位标尺测量检查井中的水位标高并且记录试验的开始时间t1，在经历足够长的时间后，用潜水泵迅速的抽水并记录水位降到试验开始时水位标高的时间t2，由多普勒管道流量计的读数便可以计算出相应时段内的渗入强度。各测量参数可按照表7-2样式记录。这种测定方法对于管径较小的管段试验误差较大，而且试验时间较长，管道流量计前端的过滤器比较容易被堵塞。该方法适用于测定管段长度较长、管径比较大和管道覆土深度较大的管段。

抽水计量法记录表 表7-2

测量日期	测量时间	检查井水位上涨（mm）			水位上涨历时（min）	渗入强度 $m^3/(km \cdot d)$
		上游	中游	下游		
2017.6.18	8：40	0	0	0	0	
6.18	16：35	45	44	44	475	79.7
6.19	15：35	99	98	98	1380	92.0
6.20	16：20	113	113	114	1485	107.6

2. 封闭区域排水系统总渗入量的测量方法

在国外，总渗入量的估算通常以一个封闭排水区域为估算单位，这个封闭排水区通常是指一个居民小区、某泵站服务区或某污水处理厂收集区等，通过下列的方法估算出渗入量占污水总量的百分比。

（1）年污水量法

通过计算污水处理厂所涉及排水区污水排放量或部分排水区的年污水排放量，在综合考虑需水量和损失量情况下，与污水量的差值确定。

年污水量是指年处理的污水量，不含降雨量。对于合流制排水系统，通过日平均流量外推计算一年中全部非降雨期日的总流量获得。非降雨期天数计算使用天气指标，这个指标值判断旱天和雨天的不同。如德国北威州定义的旱天是指当日降雨量小于等于0.3mm/d，同时前一日降雨量小于等于0.3mm/d。

要使外来水量的数值更加贴近现实，就不能将计算时段限制在一年内，可以更长或更短时间。年污水量法适用于合流制排水系统中外来水流量计算，对于分流制排水系统，该方法不适合。

（2）夜间最小流量法

夜间最小流量法能够确定合流制排水系统或近似于合流制的分流制排水系统中瞬时（夜间的）外来水最小量。这种方法只适用于在非降雨期计算外来水流量。国外的一些研究表明，到目前为止确定地下水渗入量的最好方法是夜间流量测定。这种方法的基本假设是：如果渗入量确实存在于污水管道系统中，那么污水处理厂所测得的瞬时流量不会低于渗入量，因为渗入水量应该是全天恒定的。在3～5点，排水系统服务范围内的用水量很小，也没有雨水混入时，进入污水处理厂的流量主要是渗入的地下水，特别是在居民生活区。德国的资料建议，各污水厂每月一次连续24h测定污水厂的进水流量，其夜间最小流量中扣除居民夜间用水量（0.3～0.5L/s/千人）以及可能存在的工业用水量，可得出服务区域内的地下水渗入量。将其同日平均流量相比，可得出渗入量占日平均流量的比例。日本《下水道维护管理手册》要求连续测定非降雨时段连续一周的流量逐时变化曲线，7天夜间最小流量的平均值，就是地下水渗入量。日本的实验方法认为居民的夜间用水量很小，可不考虑扣除。

夜间最小流量法测定的准确程度受泵站前池（排水系统出口）水位变化幅度、服务范围内夜间用水量以及系统的服务范围大小的影响。通过调节水泵出水阀门的开启程度，使前池水位保持稳定可排除系统内管道调节容积对瞬时流量的影响。对于夜间用水量大的区域、夜间原生污水流量的扣除容易造成误差。服务范围大的排水系统，污水瞬时流量的逐时曲线的形状不好。

如果考虑夜间最小污水流量，这个值应该基于污水管网准确的流量及其变化情况，不能简单去扣除。扣除夜间污水量来确定外来水量，要通过对长时段非降雨期流量和需水量测量和调查，并检查单个情况的合理性，也要考虑从工业、手工业、医院和公寓流入水量对外来水量的影响。如果没有单个情况夜间污水的相关信息，夜间最小流量法就不要扣除夜间污水量。如果扣除夜间污水量，就必须要得到证实。德国巴伐利亚州将夜间最小值方法确定为州污水排放调查方法。

（3）用水量折算法

用水量折算法通过服务范围内的供水量数据来估计进入排水系统的原生污水量。该方法需要准确统计用水量数据，按生活用水、工业用水、商业用水等不同用途折算成原生污水量。根据系统服务范围内污水处理厂（泵站）的污水总量与原生污水量的差额，估算进入管道系统的外来水量。用水量折算法需要按排水系统边界准确统计用水量数据而得出原生污水量。我国的自来水装表率接近100%，且基本上是按月收费，这对用水量的统计是有利的。但当排水区域范围很大时，按范围逐表统计用水量有困难时，可利用自来水公司提供的边界范围内的总供水量数据，但要根据各地方情况扣除15%左右的公共用水量和蒸发等消耗性用水，即可计算出外来水混流程度，公式如下：

$$C=\frac{|Q-0.85q|}{Q}\times100\%　　　　　　　　　　（7-5）$$

式中　C——混流程度；

q——被调查区域的供水总量，m^3/d；

Q——被调查区域的污水排放总量，m^3/d。

7.2.4　来源位置确定

针对渗水量较多的管段或区域，需要查明来源地和汇入点，通过调查测定存在缺陷的准确位置、情况以及各部位的渗水量，编制调查报告，为整改提供依据，同时亦可预估修理后所达到的预期结果。调查测定的主要项目有：

（1）直接检查

在合流制管网或分流制的污水管网中，通过排空管道直接目视或利用视频检测（如

CCTV、QV)，检查管道和检查井裂口、接口错位以及渗水等缺陷。实施检查时，应选择非降雨期时进行。具体方法参看本书有关章节。

（2）严密性试验

当地下水位处于低于管道底部的情景时，直接目视或CCTV都无法发现无明显结构性缺陷所引发的渗漏，此渗漏几乎都发生在管道的管节接口或与井壁接口处，所以需采用专用闭气试验设备逐一查找。其方法参见3.4.2。

（3）雨污混接调查

除了管道或检查井等设施结构引起的渗漏而形成外来水外，在分流制地区，雨水管和污水管的错接也是导致水量的增加。其具体调查方法在第8章中有详细叙述。

7.3 外来水控制

完全杜绝外来水是不可能的，多少比例以上的外来水需要得到控制，目前在我国尚无明确的规定。参考日本下水道修复的经验，将非降雨时期的稳定渗入量>30%、>20%、>10%的区域，分别列为A级、B级和C级，A级是需要首先考虑修复的区域，其次是B级，而C级的区域基本可以不考虑修复整治。

7.3.1 减少外来水入渗措施

减少外来水的渗入量可以通过采取各种工程技术措施来解决，主要途径是在源头上防止地下水、雨水进入管网系统，消除管道渗漏，避免由于管道错接乱接导致雨水及地下水通过管渠、检查井开口、溢流出口和雨水管道进入管道系统。

针对每个重点区域，减少入渗的主要工作内容包括：
（1）针对减少外来水渗入量的可行性工程措施，如管道修复、消除管道错接等；
（2）风险评估和备选方案；
（3）工程直接成本或间接成本估算；
（4）治理效果的预估，如外来水的渗入减少量、外来水的去向等；
（5）评估其他因素的影响，如市政规划方案、政府和民众的接受度、是否位于水资源保护地等。

7.3.2 避免外来水预防措施

在日常排水管道维护工作中，通过有效地养护和修理避免渗水量增加。日常养护工作的重点是防止渗漏，务必尽量早期发现渗漏的苗头，确定可能引发渗水的缺陷部位，并采取合理的应对措施。在排水管道设施整体渗水量中，管道结构问题造成的渗水是最主要的，日本曾经对各设施的渗水量进行过调查，其比例见表7-3。

各设施漏水量的比例   表 7-3

管道设施	检查井	主管道	支线管道	竖井	合计
漏水量比例（%）	2.6	21.8	49.9	26.6	100

由此可知，预防管道本体渗漏，是避免外来水增加的最重要环节。一般情况下，下列因素极易导致管道外来水渗漏：

（1）树根：城市沿街道的行道树的树根不断生长，树根透过管道接口，破坏接口密封材料，侵入到管内，致使产生渗水；

（2）土质：管道基础以及周围土质不稳定区域，如非开挖顶管敷设的管道、流沙地区且无承托基础的管道等极易造成管道不密封；

（3）外力：在外力作用下造成管道运动。如地铁、重荷载路面以及不均匀占压等情况下，管道产生缝隙。

对于上述情形的管道，应该采取防渗和结构加强措施，如整个管段予以 CIPP 内衬一根子管、接口处安装树脂套环或双胀圈等（图 7-6），这些措施可有效防止树根侵入或接口不密封的产生，最终杜绝外来水的渗入。

CIPP原位固化内衬

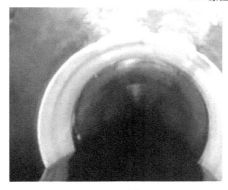

树脂局部内衬

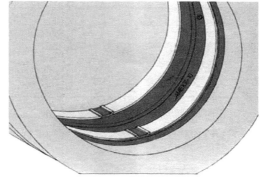

双胀圈

图 7-6　防止渗漏的工艺方法

7.3.3　整治计划

制定整治计划的目的是根据对已有管道的调查结果，确定渗水过量的范围，对修复方法、修理费用和效果等进行综合研究和判断。整治计划包括范围、部位、修复工法、修复时间段和修复后的效果等内容。修复的顺序一般取决于渗入强度的顺序。

投入整改的费用与减少外来水得到的受益比较是是否进行整改的重要经济考量，分析减少外来水工作的付出是否存在经济价值，通常有两种方法。

（1）简单方法

将每个堵漏部位修复工程的工程费用和所能减少的渗入水量及运行管理费相比较，后者费用更大的情况，证明修复堵漏存在经济价值。修复次序可从费用大的依次安排进行。

（2）一般方法

罗列全部存在渗漏问题的部位，计算并制作各部位相应的修复费用、能够减少的水量

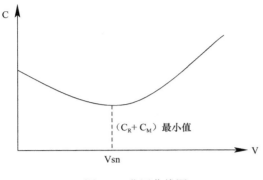

等明细一览表。按减少水量由多到少的顺序排列，计算累计减少水量和相应的累计修复工程费用（C_R）（表 7-4）。另需计算渗水的流入造成养护管理费用的增加部分（C_M）。（$C = C_R + C_M$）为全部费用，以此数值作为 Y 轴，累计减少水量作为 X 轴，制作费用曲线（图 7-7），在图中找出（$C_R + C_M$）的最小点，即可判断该点相对应明细表中的问题以上为具备修复经济效益的部分。

图 7-7　费用曲线图

费用曲线单纯地由左向右逐渐降低的情形说明对所有的部位修复都具有经济效益，相反，费用曲线向右逐渐升高，则说明一个部位都不用修复，任其渗入，实施整治更加不经济。

渗漏点一览表　　　　　　　　　　　　　表 7-4

渗漏点号	减少水量		修复工程费	
	渗入量	累计量	点费用	累计费
X1	V1	Vs1	C1	C_{R1}
X2	V2	Vs2	C2	C_{R2}
…	…	…	…	…
Xn	Vn	Vsn	Cn	C_{Rn}
Xn+1	Vn+1	Vsn+1	Cn+1	C_{Rn}+1
…	…	…	…	…

思考题和习题

1. 外来水的含义是什么？

2. 外来水有哪些来源和途径？

3. 外来水对污水处理厂存在哪些影响？

4. 调查前应该收集哪些资料？

5. 调查前应从哪几个方面进行分析判断？如何分析？

6. 管段渗入量测量有哪些方法？每种方法的测量原理是什么？

7. 导致地下水渗入的管道及检查井主要缺陷有哪些？

8. 渗入程度或渗入量有哪几种表达方式？

9. 选择一管段，现场利用抽水计量法测定外来水量，并计算渗入强度。

10. 已知某区域的供水总量和排水总量，当两数据有差异时，试分析差异存在哪几种情况以及这些差异形成的原因。

11. 外来水是无法完全杜绝的，试述减少外来水所付出经济价值的评价方法。

第8章　雨污混接调查与评估

8.1　基本概念

8.1.1　雨污混接的内涵

将生活污水、生产废水和雨水分别在两种或两种以上管道（渠）系统内排放的排水系统称为分流制排水系统。排水管网的雨污混接是指在城镇分流制排水系统中，雨水和生产生活所排放的污水，通过不同的方式混接到一起进行输送和排放，造成混流现象。其一般表现为两种现象：一种是污水进入雨水管网，进而排入自然水体；另外一种为雨水进入污水管网，与污水一起进入污水处理厂。两种形式带来的最终后果为自然水体污染、污水处理厂进入浓度降低、处理量增加。因此对现有的排水管网进行雨污混接调查是十分必要的。

从世界范围来看，要实现真正意义上的雨污分流是几乎不可能的。从1980年代中期起，美国的一些市政管理机构和城市开展雨水管网污水混接源识别与改造的研究工作。这些研究工作旨在解决地表水体污染问题。上述研究工作发现许多城市雨水系统存在不同程度的雨污混接问题。1984~1986年，密歇根Washtenaw县采用示踪剂检测方法，对160个商业区域的雨水管网旱流污水混接问题进行了检测，发现61个商业区存在着雨水管网旱流混接问题，混接比例为38%。1987年，Huron河污染减排计划中采用示踪剂检测方法，对1067个商业、工业及公共建筑的雨污混接问题进行了检测，发现154个点位存在着旱流污水混接问题，混接比例为14%；洗车业及与汽车相关的商业活动区是旱流污水混接的主要点位，洗衣店的污水混接问题也较为突出。加拿大多伦多市分流制排水系统的调查表明，59%的排放口存在雨污混接问题，其中84个排放口的雨污混接问题与化工行业污水混接有关。1987年，在对华盛顿市排放Inner Grays Harbor的90个雨水排放口进行的调查发现，19个排放口存在雨污混接问题。

2016年调查显示，上海市某排水系统覆盖2.93km²，雨水井901座，污水井680座，雨水口898座，雨污水管道约32km，共计排查出雨污水混接135处，其中市政雨污水相连的2处，各类商铺私接、倾倒79处，小区内混接进市政的54处，日混接水量达到约3284.49m³。

针对排水管网的混接问题，不少国家都首先从法制上限制混接的产生。1987年的美国《清洁水法》中制定了解决旱流混接的相关条款。我国《城镇排水与污水处理条例》中第十九条明确规定："除干旱地区外，新区建设应当实行雨水、污水分流；对实行雨水、污水合流的地区，应当按照城镇排水与污水处理规划要求，进行雨水、污水分流改造。雨水、污水分流改造可以结合旧城区改建和道路建设同时进行。在雨水、污水分流地区，新区建设和旧城区改建不得将雨水管网、污水管网相互混接。在有条件的地区，应当逐步推进初期雨水收集与处理，合理确定截流倍数，通过设置初期雨水贮存池、建设截流干管等方式，加强对初期雨水的排放调控和污染防治"。第二十条规定："城镇排水设施覆盖范围内的排水单位和个人，应当按照国家有关规定将污水排入城镇排水设施。在雨水、污水分流地区，不得将污水排入雨水管网。"正是由于这些规章制度没有得到严格的遵守，才出现雨污混流现象。

8.1.2 雨污混接的成因和形式

按照现行的相关规范，在分流制的排水系统内，雨污混接的现象是不应该存在的，但在目前国内大部分城市已运行的排水管网系统来看，基本上都存在雨污混接现象，而其原因，既有可能是故意连接，也有可能是管线识别错误而造成误接以及难以抗力的自然因素影响。另外一种类型的混接是源头性的混接，即在排水管道收集端口所收集到的水与管道实际属性不符，形成实际上的雨污混流。

1. 混接点

混接点是指物理结构上的错接，其所造成的危害是最大的，如图 8-1 所示，它主要存在的形式和成因有：

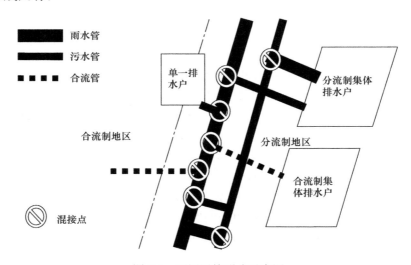

图 8-1　雨污混接形式示意图

（1）市政管网系统本身的错误连接

市政公用的污水管由于规划、标高以及堵塞等原因，将其直接接入雨水管。雨水管空间被污水占有，污水会漫流雨水管网，从而污染水体和土地。雨天时，雨水管空间的减少会使排涝能力下降。

城市公共道路或区域下面的市政雨水管道由于规划、标高以及排涝等原因，将其接入市政污水管道。这种现象一般出现较少，但一旦接入，危害较大，特别是中、大型管的混接，会直接导致雨天污水系统的失效，大量雨水会流进污水处理厂。

很多城市同时存在分流制和合流制，如上海、东京。在两体系的结合部，由于地下空间规划、防汛、历史遗留等原因，合流系统的管道在一个点或多个点与分流系统的雨水管道连通，破坏了分流制体系的正常运行。

以上现象的形成，是在市政管网建设或后期改造时，由于没有合适的管位空间、管道标高不能满足重力流要求、敷设施工难度大、节约投资等原因，违规错误地将市政雨污（合）水管道直接连通。

（2）集体排水户内、外部的错误连接

分流制集体排水户是指按照分流制要求建设的居民小区、企事业单位等集体排水单元，其内部具备排水相对独立管网系统，收集后统一排入市政管网。其内部的雨污水管网在运行不畅时，被业主或物业管理公司擅自改建，形成错误连接。

已实施雨污分流排水户的污水管道通过接户井和支管连接到城市雨水管，污水未被得到收集。现实很多情形是集体排水户本规划设置的雨水管道"名存实亡"，由于内部存在混接，在任何时候，都在通过所谓的雨水管排入城市雨水系统。

很多城市在分流制区域范围内依然存在一些诸如老旧小区、城中村等未进行分流制改造的集体排水户，即排水户内部是合流系统，这种状况接户管只有一根，接户井只有一个，按照规定，应该接到城市污水系统，但有时现实情况很难做到，譬如城市污水收集管未敷设或离得较远，市政污水管标高不适合等。

（3）未经排水许可的私接

单一排水户一般是指路边餐饮店、洗车铺和门面小杂货店等，这些排水户几乎都未通过市政部门审批，私自将污水管就近接入城市雨水管或雨水口。这种情形在我国城市普遍多见，是形成黑臭水体的重大污染源。

2. 混接源

物理结构错接所形成的混接点是本章讨论的重点。除此以外，管道非物理性的错接，即管道结构的实际连接现状是雨污分流的，但收集到的水不是与管道实际属性相符的，一般将该收集点称之为混接源，一般属于外来水调查的内容，它主要包括：

（1）人为造成的无序排放

本应收集雨水的收纳口，如阳台雨水收集口、路边雨水口，未按照要求随意排入污水。有些雨水检查井和雨水口被任意倾倒入垃圾。市政洒水车冲洗路面形成的径流直排入雨水口。

（2）集体排水户的违规排放

集体排水户的内部混接导致排入市政管道的水流与管道实际属性不符。在已实施分流制的集体排水户，其出墙雨污管道与市政雨污管道连接是完全正确的，但进入市政管道的是混流水。比较常见的是集体排水户的出墙雨水总管流入接户井大量的污水。

（3）管道自身的影响

管道虽没有错接，但结构性损坏导致的地下水渗入污水管网，造成实际上的清污混流。

（4）自然雨水和水体的影响

雨水通过污水检查井井盖缝隙流入以及自然水体的倒灌等影响。

8.1.3　雨污混接的影响

城市市政排水管网的雨污混接具体表现在：市政污水管道直接接入市政雨水管道、市政雨水管道直接接入市政污水管道、市政合流制管道直接接入市政雨水管道、集体排水户的雨水出户总管接入市政污水管道、集体排水户的污水出户总管接入市政雨水管道、合流制集体排水户的出户总管接入市政雨水管道、集体排水户内部雨污混接后再接入市政排水系统、沿街单一排水户的直接错误接入等。雨污混接所产生的不利影响对雨水系统是最大的，通常会造成：

（1）雨水系统混杂进污水，通过雨水管网的不严密处或排水口，污染水体或土体，导致自然环境的破坏。对于设置有截流设施的排水口，会增加溢流频次；

（2）雨水系统被污水占据有限空间，荷载额外增加，当在雨天时，极易产生内涝和冒溢，影响市民的正常生活，严重时会对人民生命财产造成危害；

（3）污水携带的生活或工业垃圾进入雨水管道，易形成淤积，减弱了雨水的过水能力，增加了疏通养护的工作量；

（4）由于污水比雨水更具有腐蚀性，污水长期进入雨水系统会大大地缩短雨水管道的寿命，雨水管道一般都具有口径大的特点，所以造成的损失也会更大。

对于污水系统来说，雨污混接的影响要小些，它主要在雨天时会造成：

1）污水系统的污水量的增加和浓度的降低，使污水处理厂短期超负荷运行，处理技术流程失效，同时增加运行费用；

2）污水系统过量雨水进入，通过检查井等设施所造成的冒溢会大大影响周边环境，污染城市道路、园林等公共设施，严重时会造成公共卫生灾害。

在旱天，当雨水管道的积存水位高于污水管内的水位（或许是地下水渗入、涨潮等引起）时，错接可能会使雨水管内的水流入污水管，特别是污水系统启动泵排时，这一现象肯定会发生，污水系统收集到了大量的外来水。如果雨水系统的排口单向阀失效，污水系统就会泵吸入大量的河道水。

雨污混接所造成的影响可归结为两句话，即：污水系统入外来水同流合污稀释入厂，雨水管网混废弃水鱼龙混杂污染排河。

8.2　雨污混接调查

雨污混接调查范围一般选择较为独立的且边界较为清晰的排水收集区作为调查的最小单元，通常可以是：（1）一个独立的雨水排水系统；（2）某泵站服务区；（3）单个或多个排水口的收集区；（4）自然河流的流域。

在现实中，收集区之间有时很难做到绝对的隔离，存在有管道连接情况，这时，在正式开展调查前，应该查清其连接关系属性及具体位置。

雨污混接调查的内容就是通过综合运用人工调查、仪器探查、水质检测、烟雾检测、染色试验、泵站运行配合等方法，查明调查区域内混接点空间位置、混接点流量、混接点水质等要素，在有条件时，还应查明混接源的空间位置、水量以及水质，进而对调查结果进行分析和判断，得出雨污混接程度的评估结论。

在雨污混接调查时，有时将排水管道结构性缺陷调查也纳入顺带调查的内容，虽然不存在错误的连接，但有时结构性的缺陷所造成的雨污混流之影响亦不可忽视。

8.2.1 调查模式

如图 8-2 所示，雨污混接调查的常见模式是按照点→面→线→点的工作顺序。首先观察和测定整个封闭收集区内的污水处理厂、排水口、主管网及泵站等地点的水质和水量情况，得到对整个区域是否存在雨污混接的初步判断，如果判断为"无"，那就表明该范围内不存在雨污混接或混接现象非常轻，不值得多此一举，进行雨污混接调查工作，但最终的工作报告必须要编写，阐明不需要开展雨污混接调查工作的理由以及支撑这些理由的技术依据。如果判断为"有"，则表明该区域存在雨污混接，整个区域就是一个工作面，在此面上，根据排水管网图，选取主要干管的有代表性的节点（一般都为不同街道干管之间相连的检查井）作为观察和测定对象，找到存在混接现象的管线段。最后，采用视频、声呐或直接开井等方法找出存在于该管线段和支管中的混接点或混接源。

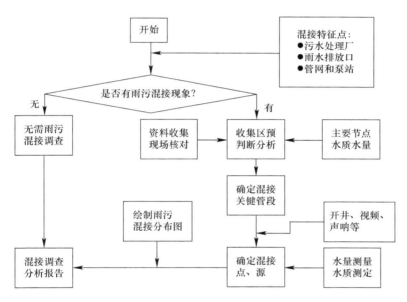

图 8-2　雨污混接调查模式

雨污混接调查的另外一种模式就是结合排水管道普查性检测同时进行，结构性和功能性检测基本上要查到每一寸管，其工作顺序可按照检测工作推进，在发现管道缺陷的同时，找到每一个混接点或混接源。

对于已决定开展雨污混接调查的收集区域，调查一般要包括以下方面内容：

（1）雨污水管道定性。通过收集的相关管网资料与现场管道状况相结合，确认实地管道性质与设计规划是否相符合。项目实施前，由项目建设单位处提供系统规划图及系统分区图、排水系统图（电子版）等原始的管网资料，通过外业作业人员的现场核对，判断排水系统管网的性质与连接情况是否与所收集到的资料基本一致、是否为分流制排水系统。

（2）混接点和混接源定位。通过管道 CCTV 检测、声呐探测、人工摸排等方法确定雨污混接井或者管道的位置，在雨污混接调查过程中，各种检查方法的适用情况参照表 8-1。

各种检测方法适用范围表	表 8-1
调查方法	适用情况
人工摸排	检查井内水位较低，可见井内明显的连接情况及排水情况
CCTV、潜望镜内窥检测	管道内水位较低或管道降水、疏通清洗后的管内连接检查
声呐检测	管道无降水条件下的管内连接情况检查

混接点位置探查的对象为调查范围内的雨污水管道及附属设施。强排系统，调查至泵站的前一个井；自排系统，调查至进河道的前一个井。混接点位置探查前，应在技术方案的基础上，对资料进一步分析，重点针对预判存在混接现象的区域，选择合适的混接调查方法，并分析该调查方法的有效性，必要时应进行试验。

（3）混接点或混接源定量。采用流量测定、COD 浓度测定等方法对混接点的混接程度进行测定，即进行水量和水质的测定。其中对于流量较小的混接点，可采用量杯的容器法测量方式进行流量测定；对于流量较大的混接点，可采用速度-面积流量仪或浮标法进行流量的测定。

流量和水质的测定以每日用水高峰期及平峰期的两个时间点测得的数据平均值作为检测数据的依据。流量高峰时段测定，可选择在上午 10：00～12：00 或下午 16：00～20：00 区间。

（4）排放口调查。为治理黑臭水体，一般作为雨污混接的调查内容之一，在进行排水管网雨污混接调查的同时，一并调查，并在调查报告中单独说明。

（5）混接程度评估及成果汇总。总结调查过程中发现的混接点信息，做出最终混接调查成果报告，并对整改提出建设性意见。

8.2.2 调查准备

1. 收集资料

雨污混接调查前，应尽可能地收集原有管网的相关资料，一般收集的资料包含以下内容：

（1）排水系统规划资料。它包括的内容主要有排水制度、划分排水区域、排水管渠的布局、主要泵站的位置和污水处理厂的位置及规模。排水系统规划图是先期工作中必不可少的图件，它是划分雨污混接调查区域的底图。

（2）已有的排水管线图。城市排水管线图是开展雨污混接调查的最基本资料，若没有这项资料，就无法开展工作，必须先行测绘予以弥补。已有的排水管线图必须是 1：500 或 1：1000 比例尺的纸质或电子地图，该图必须包括所有排水设施的空间位置以及属性等要素，同时包括与之相关的地物和地形要素。

（3）管道的竣工资料。比较已有的排水管线图，新建管道往往未能及时更新，需要利用竣工图来予以补绘。补绘后的管道还须到实地予以核实。

（4）已有的管道检测资料。主要包括管道的 CCTV 和声呐检测的以往资料，对于这些资料中已发现的混接点和混接源，便于在后来的检测中予以重点关注。

（5）调查区域的用水量。访问调查区域的供水企业，获取不少于最近一年的每月用水数据，最好能查阅与调查时间相同月份的每天供水数据。供水区域边界和调查区域边界不一致时，需要根据实际情况调查和测定予以修正。公共事业用水量也要根据当地实际情况，调研出相应数据。

（6）泵站的运行数据。污水泵站近一年连续记录的流量数据。雨水泵站的开泵运行记录以及相对应的雨量数据。

（7）调查区域排水户的接管信息。无论是集体排水户，还是单一排水户，当它的排水管道需要接入市政管网时，需要向排水管理部门提供自己的排水基本信息资料，这些资料的收集对判断非市政管网的混接现象很有帮助。有些城市的排水管理部门规定，凡接入市政排水管道的集体排水户，在正式开通前，必须要进行雨污混接调查，该调查结果亦是需要收集的内容。

（8）其他相关资料。如地下水文、工业区范围及特征、自然水体污染情况和气象等。

2. 现场踏勘

对于已确定开展雨污混接调查的区域，以各自独立排水系统为调查单元，从该区域的最下游开始，携带排水管线图，选择主要管道沿线，巡查主要排水设施，如排水口、泵站和重要检查井等，对管道的大致分布及属性进行核对，同时对调查区域地形地貌有直观的了解，便于后期技术设计书的编写。通过现场踏勘，获取下列内容：

（1）察看并记录调查区域的地物、地貌、交通和排水管道分布情况，从而可初步判断实地开展工作的难易程度，有针对性选择现场工作时段；

（2）通过打开部分检查井，察看并记录排水管道的水位、淤泥、水流等情况，有利于检查方法的选择，同时也为调查工作的经费预算、工期等提供参考；

（3）现实管线的走向、规格和管道属性等要素与所收集到的资料的一致性，发现不一致时，需要及时采取简便方法修改原有资料和图件。准确地新增、更改或删除原资料上的排水设施需要由专业测绘人员，利用专门的测绘仪器方能实施，最终实现修订数据库的目的。

3. 混接预判

当产生混接时，在一些特征点，如：污水处理厂的收水口、泵站集水池、排水口以及主要管道节点的检查井，必然显现出异常现象。调查初期，需要从这些现象入手，对可能涉及这一现象的区域或管段进行一个预先的评估，一般对存在有下列现象之一的，可预判为调查区域内有雨污混接可能：

（1）旱天持续 72h 后，雨水管检查井里可见有水流动。如果在地下水位高于管底的地区，管道结构性渗漏，也会在雨水检查井里发现有水流动，但这类水普遍比较清澈；

（2）旱天持续 72h 后，与自然水体相连的雨水排放口有污水流出。这类现象是典型的雨污混接，与该排放口相关的雨水收集区域必然有污水的进入；

（3）旱天时，雨水管道内 COD_{Cr} 浓度下游明显高于上游。雨天时，污水管道内 COD_{Cr} 浓度下游明显低于上游。污水管道内 COD_{Cr} 浓度低于与之比邻的雨水管道；

（4）旱天时，雨水泵站集水井水位超过地下水水位高度或造成放江。雨水系统普遍严密性不好，地下水不可避免地渗入进来，在旱天雨水泵站不运行时，泵站的集水池的水位和地下水的水位基本相同，保持平衡，若有污水的大量流入，必然使雨水系统的水位升高，当这种升高达到一定极限时，溢流或开泵放江在所难免；

（5）雨水泵站运行时，相邻污水管道水位随之也会下降。雨水系统处在高水位运行时，可尝试打开雨水泵，相邻的污水水位或流向是否伴随着发生变化，若有这种现象，基本可以判断雨污系统已经贯通；

（6）雨天时，污水管道流量明显增大，检查井或污水泵站集水井水位比旱天水位明显升高，严重时产生冒溢现象。在地下水位低的地区，雨污混接所造成的这一现象特别明显。

4. 技术设计文本

对于决定要开展雨污混接调查的区域，在收集必要的资料，并且进行现场踏勘以后，编写技术设计书是必不可少的环节，即依据国家或地方相应的技术标准，结合当地的实际情况以及业主的要求，编制现场作业和分析评估指导性文件，通常包括下列内容：

（1）目的、任务、范围和工期；

（2）已有的资料分析、调查条件、管网建造年代等概况；

（3）技术方案，包括调查内容、调查线路、调查方法、混接评估；

（4）质量保证体系与具体措施；

（5）工作量预估与工作进度；

（6）人员组织、设备、材料计划；

（7）拟提交的成果资料。

8.2.3 混接点和混接源位置判定

1. 开井目视

现场开井目视是雨污混接位置判定的主要方法。调查人员赴实地将项目范围内所有雨污水检查井（雨水口）逐个开启，当检查井中管口显露时，利用镜子、强光手电筒灯等工具目测或钩探确定管道的连接关系，断定雨污管道连接是否成立。当雨污管道连接正确时，目视管道中的流水是否与管道实际属性相符，判断混接源是否存在。开井目视的项目以及内容常常以填写检查井（雨水口）调查表的方式记录下来，作为原始记录资料留存，调查表的内容通常有：编号、连接井编号、管道形状、管径、管道属性、连接方式、水体观感等信息，同时对确认的混接点或混接源要有明确的结论，现场采集图像（图8-3），并绘制示意图（图8-4）。

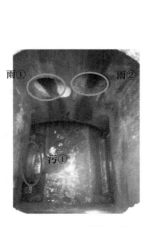

图 8-3 现场采集图像

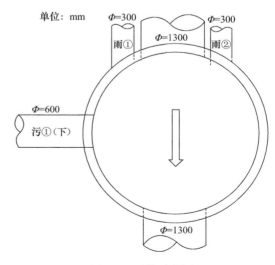

图 8-4 混接示意图

开井目视检查，有下列情形之一的可判别该井为混接点：

（1）雨水检查井或雨水口中有污水管或合流管接入；

（2）污水检查井中有雨水管接入。

当雨水检查井中发现雨水管或不明属性的管道接入时，应当观察该管道在旱天时是否出流以及水质情况，可判定混接源的存在。

2. 仪器探查

不是所有的管道连接关系都可以在现场开井观察到的，如井内水位较高、检查井被构筑物及绿化带压盖、井盖被道路铺装材料覆盖、管道暗接（无检查井）等情形，类似这种管道连接点位置的确认需要利用特种仪器予以探查。仪器探查的方式包括潜望镜快速探查、CCTV 内窥探查、声呐探测三种方式（详见本书相关章节）。为了给视频类仪器探查提供必要的条件，有时需对排水管网采取封堵、降水、清淤等措施，来保证仪器正常使用。

声呐在用作检查井检测时，通常是摸清井内水面以下的管道连接关系、结构情况和淤积现状。根据检测的目的不同，探头的移动轨迹分别采取垂直于井底和平行于井底两种方式。现场检测水下管道连接关系时，可直接抓住电缆从井口缓慢放入（图 8-5），可获得不同高度层面的水平截面（俯视）图廓（图 8-6）。对检查井底检测时，可将探头垂直固定在一竹竿端头上，检查人员手持竹竿将探头放置于水面以下，即可获得管底"河床"的平面的图形。

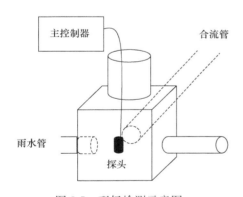

图 8-5 现场检测示意图

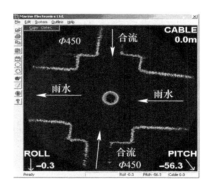

图 8-6 声呐系统显示

3. 水质测定

水质测定是在雨水检查井中的接入管口提取水样，测定有关水质特征因子，从而判定该管口是否是混接源。这些特征因子包括：化学需氧量、动植物油、甜味剂、阴离子表面活性剂、水温等。

4. 染色试验

在管道内水体流动的情况下，可通过在管内投入高锰酸钾等染色剂，根据水的流向来判断管道的连接方式，染色检查一般需满足下列条件：

（1）管内有一定水量，且水体流动；

（2）染色剂必须投放在上游检查井；

（3）必须采用无毒、无害的彩色染色剂，一般用高锰酸钾。

5. 烟雾试验

在管道内非满流的情况下，也可以采用烟雾的方式，来确定管道的连接现状，使用该方法时，应满足下列规定：

（1）管道内无水或有少量水时（充满度小于0.65）；

（2）无需检查方向的管道应予封堵；

（3）必须使用无毒无害彩色烟雾发生剂和专用鼓风机。

6. 泵站配合

开泵后，非此泵站服务系统的管道内水流明显加速或产生逆流，再通过进一步巡查和开井检查，确定管道的连接现状。

调查人员在选择排水管网雨污混接点和混接源位置的确认方法时，需根据现场管网的实际情况，灵活运用各种探查方法，以最经济的代价来准确判断混接点的位置。

8.2.4 流量测定

1. 流量测定的目的

在确定混接点和混接源位置后，需对流入流量进行流量测定。流量测定的目的主要有两个方面，即判断雨污混接的存在和评判混接程度。判断混接存在是在混接预判环节和混接点（源）确认环节，通过测定流量，比较流量数值的差异，来确定混接区域范围或混接点位置。评判混接程度是在已确认混接点处测出接入口处的流量，依据相关标准，得出混接程度的结论。依据流量测定的数据，要实现：

（1）对照标准，确定混接点的雨污混接程度；

（2）确定排水系统间连通水量；

（3）对常规手段无法测定的管道，通过上下游安装流量计，判断混接情况；

（4）通过在流出口安装流量计，长时间连续流量测定，判断是否有间歇式排水户存在，判断是否存在混接情况；

（5）确定入河排放口混接程度，为黑臭河道治理提供前期数据。

2. 测量方法

（1）分类

如表8-2，流量测定方法有五大类，即水位测量法、流速测量法、水位和流速测量法、染料稀释法、容积法，其中水位流速测量法和容积法是雨污混接调查工作中最常用的方法。数据的记录方式分人工记录和自动记录。根据具体的测量目的和测量条件选择合适的测量方法。

流量主要测量方法分类表　　　　　　　　　　　　　　表 8-2

测量方法		测量原理	装置、仪器	特点	适用范围
水位测量法	堰坝	在渠道中途设置堰坝，通过溢流水深测量	堰坝、水位计	水头损失较大	明渠、非满水的管道
	量水槽法	在明渠或管道内安装量水槽，测量其上游水位可以计量污水量。常用的有巴氏槽	水槽、水位计	水头损失小、壅水高度小、底部冲刷力大，不易沉积杂物。但造价较高，施工要求也较高	明渠、非满水的管道

测量方法		测量原理	装置、仪器	特点	适用范围
流速测量法	电磁法	导电性流体通过磁场时，发生带电现象。利用带电量大小与流量的比例计算	主体与磁场发生装置、带电量测量装置	精度高，适用于所有流体	满水状态的管道
	多普勒	向流体中的杂质发射超声波，通过周波变化计算	多普勒流速测量仪	适合于SS值较高的情况	满水状态的管道
流速水位测量法	超声波	利用水中音速受流速影响发生的相对变化	速度-面积流量计	准确度高	所有管渠
	浮标法	利用浮标测定流速，人工测定水位	秒表、浮标	简单易操作	所有管渠
	流速+水位	利用流速计和水位计共同使用测量	流速计、水位计	使用方便	明渠
染料稀释法		投入一定浓度的液体染料，根据下游的浓度，计算稀释倍数，得出流量	染料、浓度计	准确度不高	流量较小情形
容积法		将水纳入已知容量的容器中，测定其充满容器所需要的时间，从而计算流量	量杯、秒表	简单易操作，成本低，精度高	水量较小的连续或间歇排放

（2）常用方法

1）容积法

该方法适用于检查井的混接流量测定和检测上下游流量差。所使用的器材有容器（至少一面是平面，便于贴近管口，见图8-7）和秒表。其流量应按下式计算：

$$Q = \frac{V \times 3600 \times 24}{t} \qquad (8\text{-}1)$$

式中　Q——流量，m^3/d；

　　　V——容器内水的体积，m^3；

　　　t——收集时间，s。

图8-7　量杯

2）浮标法

该方法适用于管道非满流的情况。所使用的器材有浮标、皮尺和秒表。浮标流动的起止点距离用皮尺丈量，读数精确到厘米。浮标流动的时间采用秒表计时。其流量应按下式计算：

$$Q = \frac{3600 \times 24 \times A \times L}{t} \qquad (8\text{-}2)$$

式中　Q——流量，m^3/d；

　　　A——管道内水体横断面面积，m^2；

　　　L——浮标流动的起止点距离，m；

　　　t——所用的时间，s。

　　式中，管道内水体横断面面积A根据管道横断面形状分为矩形和圆形两种计算公式，分别为：

$$A(矩形) = 管渠宽 \times 水位高 \tag{8-3}$$
$$A(圆形) = 1/2lR \pm 1/2dh \tag{8-4}$$

式中：l 为 AB 的弧长，m；R 为管道断面的半径，m；d 为水面位置的弦长即 AB，m；h 为三角形 AOC 的高，即 OC，m（图 8-8）。

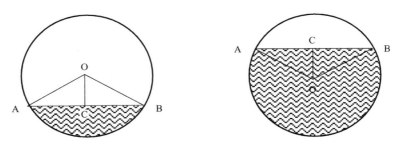

图 8-8　管道内水体横断面示意图

3）速度—面积流量计测定法

速度—面积流量计系统包括一个单向或双向的流速和深度传感器、一个数据记录器和用于数据检索和分析的支援软件。它的工作原理（图 8-9）是直接采取多普勒法测量流速，压力法测量液位高，再利用液位高和管道的已知断面尺寸，得出过水断面面积，乘以流速后即可得出流量数据。它适用于满流管和非满流管的流量测量，非满流时的水深不得小于 2cm，最大水深根据功率的不同，可达到 3m 以上。流速的测定范围一般为 $-1.5 \sim 6m/s$。速度—面积流量计的电池通常能保证连续工作 60d 以上，存储容量一般都能达到 90d 的数据。

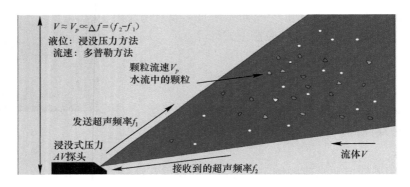

图 8-9　速度—面积流量计工作原理示意图

整个测量系统包括有速度—面积流量计（图 8-10）、探头固定环和便携式计算机。固定环通常采用扁形不锈钢制作，探头固定在钢环上，然后将钢环内衬固定于管内（图 8-11）。计算机安装有专门软件，用来读取流量计里的数据，然后进行处理计算。

使用该仪器进行流量测量时应注意以下事项：

1）安装探头时应保证在低水位时能淹没，不宜放置在管道最底部，以避免被泥土覆盖；

2）管中水流特别清澈时，由于水中不含颗粒物，该仪器所采集的数据不准或无效；

3）仪器在使用前要送到专业水力实验室进行校准；

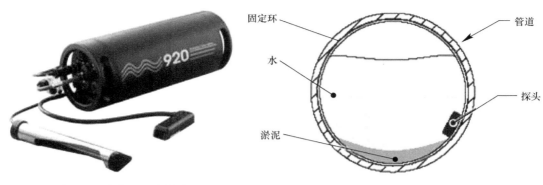

图 8-10 速度面积流量计　　　　　　图 8-11 安装示意图

4）流量测定结果应填写混接点流量记录表。

（3）测定位置与时段

在测定流量之前，应进行现场勘查，了解水流状况、管内污泥淤积程度、管道所处路面的交通情况与测量设备安装条件等。利用管网图确定安装点位与具体安装位置。测量位置应选择管道的直线处，确保管道上游无弯曲、无支线管道及排水设施流入水；选择下游无逆流影响的位置；流量测量过程中，需要保持管道内排水流动无阻碍，尤其要谨慎对待降雨天发生水量迅速增加的情况；选择适合的流量测量方法或仪器。一般来说，无法用同一种方法既满足夜间最小流量精度，又满足降雨时最大流量精度。低流量时，保证测量准确度更加困难，需要考虑其他直接测量方法。

混接点流量测定时段要包括用水高峰期，一般根据当地的生活特点，选择在 10：00～12：00 或 16：00～20：00 区间。当连续采集 24h 以上时，应取流量高峰期与平峰期的流量值之和加权计算得到流量的加权平均值，每小时的混接流量计算公式如下：

$$混接流量 = \frac{高峰期流量 \times 小时数 + 平峰期流量 \times 小时数}{总小时数} \qquad (8\text{-}5)$$

8.2.5 水质检测

1. 水质检测的目的

水质检测通常是伴随着流量测定而进行的，它们的结果可互作验证。和流量测定的目的基本相同，即判断雨污混接的存在和评判混接程度，同时要掌握混接源的特征。判断混接存在是在混接预判环节和混接点（源）确认环节，通过测定水质，比较相应特征因子数值的差异，来确定混接区域范围或混接点位置。评判混接程度是在已确认混接点处测出接入口处的水质，依据相关标准，得出混接程度的结论。依据水质检测的数据，要实现：

（1）对照标准，确定混接点的雨污混接程度；

（2）确定排水系统间连通处水质的情况；

（3）通过上下游水质检测，判断混接的范围和程度；

（4）入河排放口水质检测，确定对水体的影响程度；

（5）为重大水环境污染事件提供证据。

2. 水质参数及特征

水质参数是用以表示水环境或水体质量优劣程度和变化趋势的水中各种物质的特征指

标。水环境质量参数很多，在评价水体污染程度时，一般选取物理的、化学的、生物的水质参数，详见表8-3。从环境监测角度来看，水质主要通过五个参数来判别，即pH值、水温、浊度、电导率、溶解氧。

水质参数一览表　　　　　　　　　　　　　　　　　　　　表8-3

物理参数	化学参数		生物参数
	有机类	无机类	
水温、渗透压、混浊度（透明度）、色度、悬浮固体、蒸发残渣以及其他感官指标如味觉、嗅觉属性等	生物化学需氧量（BOD）、化学需氧量（COD、OC）、总有机碳（TOC）、总需氧量（TOD）	（1）植物营养元素：污水中的N、P为植物营养元素； （2）pH值：主要是指示水样的酸碱性； （3）重金属：汞、镉、铅、铬、镍以及类金属砷等生物毒性显著的元素	细菌总数、大肠菌群

水质特征是混接源特性的直接表现，调查人员赴实地通过人体的感官，可从气味、颜色浊度、悬浮物、植物和构筑物损坏程度等物理特征初步判断混接源的特性，其对应关系如下：

（1）气味：典型的带有刺激性气味的污染物可能是汽油，油类，生活污水，化工原料废水等。

腐臭味——管道中发腐的生活污水，尤其是在排放口附近的集水池中经常可以闻到。

臭鸡蛋味（硫化物）——工业来源，如肉类加工厂、罐头厂、牛奶加工厂等和发腐的生活污水。

油类味——炼油厂和汽车维修厂，或者石油产品储存腐植酸：食品储藏（餐馆，酒店等）。

（2）颜色：是工业混接源的重要指示标志。工业排放污水有多种颜色，包括褐色、灰色、黑色等。

黄色——化工、纺织、皮革加工。

褐色——肉类加工、印刷、金属加工、混凝土制造、使用化肥、石油加工。

绿色——化工厂，纺织厂

红色——肉类加工。

灰色——乳品厂。

（3）浊度：它与总污染物含量有关，高浊度往往是未经稀释的工业废水排放。

混浊——生活污水、混凝土加工、使用化肥。

不透明——食品加工、木材厂，金属加工、颜料厂。

（4）悬浮物：悬浮物来源一般是工业废水或生活污水。含有悬浮物的工业废水包括动物脂肪，腐烂的食物、油类、溶剂、锯末、包装材料、燃料。

光泽油类——炼油厂、石油储存设备、汽车维修厂。

污物——生活污水。

（5）沉淀物和褪色：排放口附近任何涂层的脱落一般呈现黑色的。沉淀物经常包含悬浮物的碎片。经常可以观察到由皮革加工厂产生的动物皮毛，或者由含氮肥的废水产生的白色结晶粉末。

沉淀物——施工工地。

油脂——炼油厂、石油储存设备、汽车维修厂。

（6）植物：排放口附近植物的生长情况显示了是否存在工业污水排放。从食品加工废水中有机物的分解可以促进植物的生长，而来自纺织厂的含化学染料和无机颜料废水则会阻碍植物生长。注意不要将高流量的雨水出流对植物的冲刷作用与有毒有害旱流排放出水对植物的毒害作用混淆。

过度生长——食品加工废水。

抑制生长——高流量雨水出流、饮料厂、印刷厂、金属加工厂、制药厂、炼油厂、汽车服务设施。

（7）排放口构筑物的损坏：它是工业废水排放的另一种指标。排放口构筑物的混凝土断裂、裂缝，表面涂层剥落等往往是由于严重的工业污染造成的，这些工业废水往往是强酸或强碱性的。金属冶炼厂的污水混接很可能是导致这种损坏的原因，因为该种类型废水是强酸性的。施工质量问题、水流冲刷、老化也可能导致这种损坏。

3. 检测方法

（1）取样

取样位置应当被标注到排水管线图上，做好每日采样计划。每天可以进行采样的排放口的数量主要由排放口的距离远近决定。初期的采样调查需要较多的时间，后期在进行调查就相对比较简单些。在早晨（或旅游地区的旅游旺季）通常会有比较大的生活污水量，安排在早晨采样就可以比较好的识别出混接进入雨水系统的生活污水。混接工业污水的排放也是具有规律性的，例如，在工人轮班时需要清扫工作区域，或者工业企业在一年中某段时期生产繁忙而产生较多的废水，在这些特定时期取样可以得到较好的结果。不应在一场暴雨后立刻进行现场采样。在大多数城市地区，一场暴雨过后的雨水流量会在12h以内停止，具体时间应该根据汇水区域的不同具体分析在暴雨流量流入上游雨水管网以及水流蓄积的条件下，时间会相应延长，我国有关规程规定是雨停后72h较为适宜取样。

现场取样需要的装备包括：温度计与电导仪、排水管线图、水质调查表、防水书签和水笔、照相机与摄影机、喷漆、卷尺（3m和30m）、手电筒、手表（有秒针）、带防水标签的玻璃采样瓶（500ml）、带防水标签的塑料采样瓶（1~2L）、冰箱（留在车辆中）、抓斗式采样器（带长杆）、在浅水中使用的手动式真空泵。采到的样品应在半小时以内被冷藏。在现场采样之前，应当通知实验室人员做好准备工作，以便现场采样后能够迅速进行水样分析。一些基本参数的检测相对简单，并不需要复杂的实验室配置。通常现场采样人员在采样当日下午进行分析化验即可完成测试工作。

已确定的混接点或混接源，在现场与排水管线图上找到一一对应关系。取样位置被确定后，应使用喷漆或其他方法进行标识，并填写记录表，记录物理一些物理特征。物理特征部分应给出一个选项，或另外给出一个数据记录，如发现不正常的现象或构筑物损坏，记录损坏部分的范围与外观。在任何情况下，都应该在各个角度拍摄取样处的照片。温度和电导率进行现场测定，其他参数将水样送回实验室分析化验得出。对大多数分析化验，通过聚乙烯瓶采集1~2L污水便满足要求。如果需要分析有毒污染物和有机污染因子，需使用玻璃瓶再采集500ml水样，具体的采样水量根据实验室分析人员的要求而定。

现场记录的内容主要包括：混接点（源）编号、照片编号、日期、位置、天气、气温、降雨、排放口水量估计（L/s）、排水系统服务区域内是否有工业或商业活动、气味、颜色、浊度、漂浮物、沉淀物、植物生长情况、构筑物损坏情况等。若现场使用仪器检测，根据检测项目，还需记录电导率（$\mu S/cm$）、温度（C）、氟化物（mg/L）、硬度（mg/L）、表面活性剂（mg/L）、荧光剂（%）、钾（mg/L）、氨氮（mg/L）、pH。

（2）主要特征因子测定方法

1）pH 值测定

用玻璃棒蘸取少量待测水体，滴到没有被润湿的试纸上，半分钟后与标准比色卡对照，读出 pH 值。试纸有广泛试纸和精密试纸。pH 试纸不能够显示出油分的 pH 值，因为 pH 试纸以氢离子来量度待测溶液的 pH 值，但油中没有氢离子，因此 pH 试纸不能够显示出油分的 pH 值。

2）化学需氧量（COD_{Cr}）

COD_{Cr} 测定方法有：重铬酸钾、快速密闭消解法、库伦滴定法。快速密闭消解法在经典重铬酸钾——硫酸消解体系中加入助催化剂硫酸铝钾与钼酸铵。因消解过程是在封闭加压条件下进行的，因此缩短了消解时间。消解后采用光度法测定化学需氧量。其原理是在强酸性溶液中，样品在重铬酸钾氧化剂及助催化剂硫酸铝钾与钼酸铵作用下（若样品中含有氯离子，则需加入掩蔽剂硫酸汞），于 165℃密封催化消解样品 10min，重铬酸钾被水中有机物还原为三价铬，使用分光光度法在波长 610nm 处测定三价铬含量，最后根据三价铬离子的量换算出消耗氧的质量浓度。

测试使用仪器是 COD 快速测定仪。仪器包含消解单元和比色系统单元。测试仪中自带测试曲线，可以快速地显示出 COD 的测试数值。测试中使用的两种溶液可直接从仪器厂家购买，使用时只需将两种溶液混合即可。

COD 快速测定仪的操作步骤如下：

① 将定量预制的两种溶液（0.5mL 和 4mL）添加到消解管中混合均匀；

② 取 2.0mL 待测试样加入消解管中混合均匀，0 号管中加入等量的蒸馏水；

③ 将消解管放置在预先加热的仪器消解孔中，在 165℃下消解 10min；

④ 消解完成后在冷却架上冷却；

⑤ 冷却后将消解管放置在比色槽中测试，先放置 0 号管测试调零，然后放置其他比色管进行测试，测试结果可直接显示在屏幕上。

3）动植物油

动植物油测定的方法原理是用四氯化碳萃取样品中的油类物质，测定总油，然后将萃取液用硅酸镁吸附，除去动植物油类等极性物质后，测定石油类。总油和石油类的含量均由波数分别为 2930cm^{-1}（CH_2 基团中 C-H 键的伸缩振动）、2960cm^{-1}（CH_3 基团中 C-H 键的伸缩振动）和 3030cm^{-1}（芳香环中 C-H 键的伸缩振动）谱带处的吸光度 A2930、A2960、A3030 进行计算，其差值为动植物油类浓度。

所用试剂和材料：盐酸（$\rho = 1.19g/mL$），正十六烷，异辛烷，苯，四氯化碳，无水硫酸钠，硅酸镁，石油类标准贮备液（$\rho = 1000mg/L$），正十六烷标准贮备液（$\rho = 1000mg/L$），异辛烷标准贮备液（$\rho = 1000mg/L$），苯标准贮备液（$\rho = 1000mg/L$），吸附柱（内径 10mm，长约 200mm 的玻璃柱，出口处填塞少量用四氯化碳浸泡并晾干后的玻璃棉，将硅酸镁缓缓倒入玻璃柱中，填充高度约为 80mm）。

仪器和设备：红外分光光度计、旋转振荡器、分液漏斗、玻璃砂芯漏斗、锥形瓶、样品瓶、量筒等。

4）氨氮

氨氮是以游离态的氨或铵离子形式存在的氮。用那氏试剂分光光度法测定城市污水中的氨氮，测定氨氮浓度范围以氮计为 0.05～0.30mg/L。氨氮与那氏试剂反应生成黄棕色的络合物，在 400～500nm 波长范围内与光吸收成正比，可用分光光度法进行测定。

试剂和材料：无氨蒸馏水、硫酸铝溶液、50%（m+V）氢氧化钠溶液、酒石酸钾钠溶液、那氏试剂、磷酸盐缓冲溶液、2%（m+V）硼酸溶液、氨氮贮备溶液（1000mg/L）、氨氮标准溶液（10mg/L）。

5）阴离子表面活性剂

测定水溶液中的阴离子表面活性剂采用亚甲蓝分光光度法。阴离子表面活性剂是普通合成洗涤剂的主要活性成分，使用最广泛的阴离子表面活性剂是直链烷基苯磺酸钠（LAS）。本方法采用 LAS 作为标准物，其烷基碳链在 C_{10}～C_{13} 之间，平均碳数为 12，平均分子量为 344.4。本方法适用于测定饮用水、地面水、生活污水及工业废水中的低浓度亚甲蓝活性物质（MBAS），亦即阴离子表面活性物质。在实验条件下，主要被测物是 LAS、烷基磺酸钠和脂肪醇硫酸钠。当采用 10mm 光程的比色皿，试份体积为 100mL 时，最低检出浓度为 0.05mg/L LAS，检测上限为 2.0mg/L LAS。

试剂和材料：氢氧化钠（NaOH，1mol/L）、硫酸（H_2SO_4，0.5mol/L）、氯仿（$CHCl_3$）、直链烷基苯磺酸钠贮备溶液（LAS 浓度 1mg/L）、直链烷基苯磺酸钠标准溶液（LAS 浓度 10.0μg/L）、亚甲蓝溶液、洗涤液、酚酞指示剂溶液、玻璃棉或脱脂棉。

8.2.6 混接分布图的绘制

混接点位置分布图包括 1∶500 或 1∶1000 大比例尺的雨污混接点分布图以及 1∶2000 比例尺及其以上的雨污混接点分布总图。

雨污混接地按分布图，应满足下列规定：

（1）底图可利用已有的排水系统 GIS 绘制雨污混接点分布图，数字地形图作为混节点分布图的底图时，底图图形元素的颜色全部设定为浅灰色；

（2）图形要素包含：道路名称、泵站、管道、管线材质、管径、标高或埋深、流向、混节点编号、混节点位置与标注等；

（3）以系统或调查区域为单位的雨污混接点分布总图要素包含：系统范围、泵站位置、街道线、街道名称、主干管、管径、流向、交叉点、变径点、主要混节点等。混节点分布图的图层、图例和符号如表 8-4 所示；

（4）以系统或调查区域为单位的雨污混接点分布总图要素包含：系统范围、泵站位置、街道线、街道名称、主干管、管径、流向、交叉点、变径点、主要混接点（2、3 级）。

混接图层、图例及符号　　　　　　　　　　　　　　　　表 8-4

符号名称	图例	线型	颜色/索引号	CAD 层名	CAD 块名	说明
雨水	——————	实线	红色（1）	YS_LINE		按管道中心绘示，标注管径
污水	——————	实线	棕色（16）	WS_LINE		按管道中心绘示，标注管径

符号名称	图例	线型	颜色/索引号	CAD 层名	CAD 块名	说明
合流	——	实线	褐色（30）	WS_LINE		按管道中心绘示，标注管径
混接检查井	⊕2.0		蓝色（5）	HJ_CODE	HJ-YJ	方向正北
混接雨水口	2.0 / 1.0		蓝色（5）	HJ_CODE	HJ-YB	方向正北
混接点	○1.0		蓝色（5）	HJ_CODE	HJD	方向正北
混接扯旗	——	实线	蓝色（5）	HJ_MARK		垂直于管道方向

8.3 评估与报告编制

混接状况评估分为单个混节点和区域混接评估两类，评估时，宜按照调查范围进行评估，调查范围内有 2 个及以上的排水区域时，应按单个排水区域进行评估。

混接程度分为三类：重度混接（3 级）、中度混接（2 级）和轻度混接（1 级）三个级别。

8.3.1 评估内涵

混接状况评估在摸清混接点（源）位置，获得必要节点的水质和水量数据的基础上，依据相应的规范要求，对某区域或某点进行混接程度的评估，得出管渠实际运行状况的结论。在我国，某些城市将混接程度分为重度混接（3 级）、中度混接（2 级）和轻度混接（1 级）。

混接程度的高低取决于四方面因素，即混接点密度、管径、水量和水质。前两个因素是静态的，后两个则为动态。

1. 混接密度

混接密度是指在某调查区域内，雨污管道错接的点数占所有被调查节点数的百分比。它的大小直接反映了其调查范围内，管渠物理结构错误连接的规模。混接密度（M）计算公式为：

$$M = \frac{n}{N} \times 100\% \qquad (8\text{-}6)$$

式中 M——混接密度；

   n——混接点数；

   N——节点总数，是指两通（含两通）以上的明接和暗接点数。

2. 混接管径

混接管径是指错接接入管的管径。如果不考虑实际混接流量，从管径绝对值来讲，管径越大，服务范围就越大，收纳的水体也会越多，造成受水系统的混流程度也就越高。一般情况下，下游管径大于上游，下游范围内的管道混接所造成的危害，远远高于上游。如果从混接局部来讲，接入管与被接管管径差距越大，所造成的混流程度越低，可用下列公式表达：

$$混接程度 = \frac{接入管管径}{被接入管管径} \times 100\% \tag{8-7}$$

3. 混接水量

混接水量是指在混接点处或某节点处实际测得的流量值，通常单位是 m³/d。在对单个混接点评估时，其大小是考量该点混接程度的重要指标之一，一般是针对雨水系统而言的，污水流入的水量越大，说明对雨水系统的污染就越大。混接水量程度表达的是流入水量和受纳水量之间的比例关系。在雨水系统中，雨水流量越大，污水的影响就越小，可用下列公式表达：

$$混接水量程度 = \frac{流入水流量}{受纳水流量} \times 100\% \tag{8-8}$$

在污水系统中，由于雨污管道的错接，在雨天时，雨水和地下水等外来水也会涌入污水系统，造成混接水量程度的提高（详见第 7 章）。

4. 混接水质

水质主要是针对在雨水系统中的混接源的，混接源往往是污染源。通常将水质纳入混接程度的评判指标，是为了有重点地消除水体污染。水质参数有很多种，在城市中，常用作评估依据的有浊度、悬浮物、气味、颜色、COD 以及氨氮等指标。

混接点水质检测结果会有多组数据，需找出其分布概率。图 8-12 为分布概率箱线图。箱线图的上下范围，上限为上四分位数，下限为下四分位数。箱子内部位置横线为中位数。计算上四分位数和下四分位数之间的差值，即四分位数差，大于上四分位数 1.5 倍四分位数差的值，或者小于下四分位数 1.5 倍四分位数差的值，划为异常值，超出四分位数差 3 倍距离的异常值为极端异常值，用星号表示；较为温和的异常值，即处于 1.5～3 倍四分位数差之间的异常值，用空心点表示。异常值之外，最靠近上边缘和下边缘的两个值处，画横线，作为箱线图的触须。

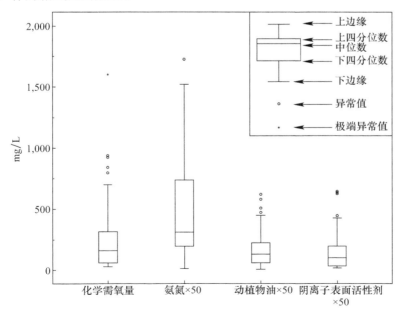

图 8-12　水质检测结果分布概率图

8.3.2 区域混接程度评价

区域混接程度评价对象是排水收集区域，而非单个点。调查范围内有 2 个及以上的排水系统时，一般以单个排水系统进行评估。区域总体评价须以一封闭的排水区域为最小评估单位，亦可按划定的范围作为整体评估单位。单一管线的调查可不进行总体评估。

总体评估结论主要依据排水管道物理结构混接密度，混接流量数据作为辅助参考。表 8-5 是上海市现行的区域混接程度确定标准。

上海市区域混接程度分级评估表　　　　　　　　　　　　　表 8-5

分级评估 混接程度	混接密度	混接水量程度
重度混接（3 级）	10％以上	50％以上
中度混接（2 级）	5％～10％	30％～50％
轻度混接（1 级）	0～5％	0～30％

8.3.3 单点混接程度评价

单个混接点（源）混接程度可依据混接管管径、混接水量、混接水质以任一指标高值的原则确定等级，上海市混接点混接程度分级标准见表 8-6。

混接点混接程度分级标准表　　　　　　　　　　　　　表 8-6

混接程度 分级评价	接入管管径 （mm）	流入水量 （m³/d）	污水流入水质 （CODcr 数值）
重度混接（3 级）	≥600	>600	>200
重度混接（2 级）	300～600	200～600	100～200
轻度混接（1 级）	<300	<200	≤100

8.3.4 报告编制与成果提交

1. 报告书内容

（1）项目概况：概况、范围、工作内容和意义、设备和人员投入、完成情况；

（2）技术路线及施工方法：技术路线、技术设备及手段；

（3）混接现状：原排水设计、现排水现状、分区块的混接发布、混接类型统计、调查汇总；

（4）混接总体评估结论；

（5）质量保证措施：各工序质量控制情况；

（6）附图：混接点分布总图（自由比例尺）、混接点位置详图（1：500 或 1：1000 比例尺）；

（7）应说明的问题及整改建议。

2. 提交的成果

（1）工作依据文件：任务书或合同书复印件，技术设计书原件；

（2）工程凭证资料：所利用的已有成果资料。仪器检验、校准记录；

（3）原始记录：录像、照片和数据；

（4）雨污混接调查报告书。

思考题和习题

1. 什么是雨污混接？什么是混接点和混接源？

2. 雨污混接通常会造成哪些方面影响？

3. 雨污混接调查通常有哪两种模式？这些模式的特点是什么？

4. 从哪些现象基本可以预判该范围内处在雨污混接？

5. 混接点和混接源的确定方法有哪些？

6. 区域和单点混接程度评价的原则是什么？

7. 通过人体的感观，可以从哪几个方面初步判断有居民生活污水流入？

8. 选择一检查井中的流入口，每隔半小时取出一水样，共取 5 组，试用 COD 快速测定仪测量出 COD_{Cr} 值。

9. 混接密度和混接水量程度各自的含义是什么？它们之间是否存在关联？请思考混接密度高是否一定带来混接水量程度高。

10. 两检查井相距 45.2m，管径为 1200mm，管内水深 550mm，浮标从井的一端到另一端漂流时间是 1 分 40 秒，试用浮标法计算出流量。

附　　　录

附录 1　主要结构性缺陷 CCTV 截屏图像

名称＼等级	1级（轻微）	2级（中等）	3级（严重）	4级（重大）
破裂 PL				
变形 BX				
腐蚀 FS				
错口 CK				
脱节 TJ				

名称＼等级	1 级（轻微）	2 级（中等）	3 级（严重）	4 级（重大）
渗漏 SL				
支管暗接 AJ				
异物侵入 QR				

附录 2 主要功能性缺陷 CCTV 截屏图像

等级 名称	1级（轻微）	2级（中等）	3级（严重）	4级（重大）
沉积 CJ				
结垢 JG				
障碍物 ZW				
树根 SG				
残墙 坝根 CQ				
洼水 WS				
浮渣 FZ				

附录3 检查井、雨水口及排水口缺陷典型照片

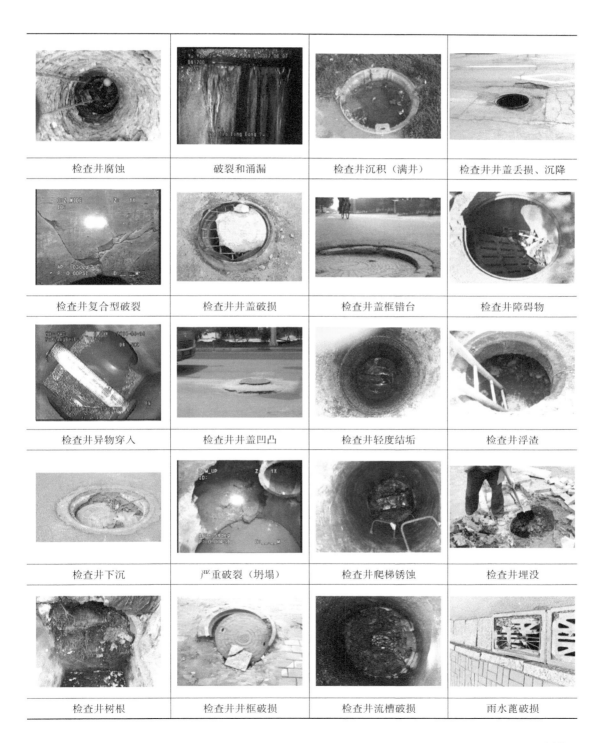

检查井腐蚀	破裂和涌漏	检查井沉积（满井）	检查井井盖丢损、沉降
检查井复合型破裂	检查井井盖破损	检查井盖框错台	检查井障碍物
检查井异物穿入	检查井井盖凹凸	检查井轻度结垢	检查井浮渣
检查井下沉	严重破裂（坍塌）	检查井爬梯锈蚀	检查井埋没
检查井树根	检查井井框破损	检查井流槽破损	雨水蓖破损

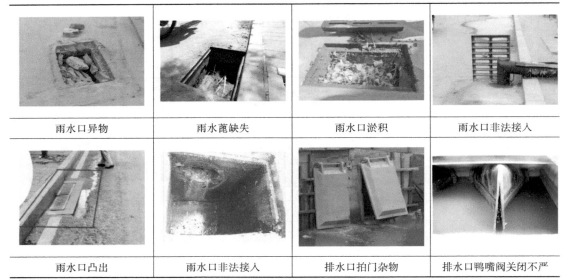

雨水口异物	雨水蓖缺失	雨水口淤积	雨水口非法接入
雨水口凸出	雨水口非法接入	排水口拍门杂物	排水口鸭嘴阀关闭不严

附录 4 雨污混接点分布样图

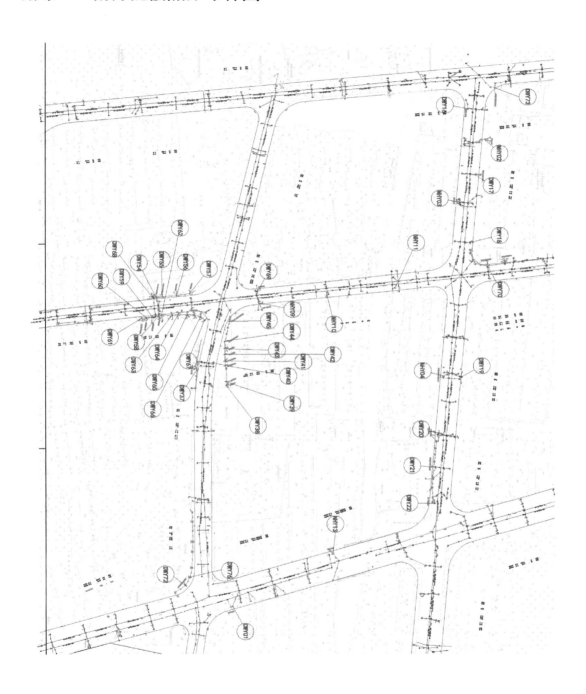

主 要 参 考 文 献

［1］ 《城镇排水管渠与泵站运行、维护及安全技术规程》CJJ 68—2016.

［2］ 《给水排水管道工程施工及验收规范》GB 50268—2008.

［3］ 《室外排水设计规范》GB 50014—2006.

［4］ 张悦，唐建国主编．《城市黑臭水体整治——排水口、管道及检查井治理技术指南（试行）》释义
　　 ［M］．北京：中国建筑工业出版社，2016.

［5］ 《城镇排水管道检测与评估技术规程》CJJ 181—2012.

［6］ 《排水管道电视和声呐检测评估技术规程》DB31/T 444—2009.

［7］ 朱军，李佳川等，上海市分流制地区雨污混接调查技术导则．上海市水务局，2015.

［8］ 时珍宝等．上海市排水管道渗入量调查与修复决策［J］．市政技术，2004.

［9］ 林家森．城市污水管道地下水渗入量研究［J］．给排水与污水处理，2004.

［10］ 李田，时珍宝等．上海市排水小区地下水渗入量研究［J］．给水排水，2004.

［11］ 李田，郑瑞东，朱军．排水管道检测技术的发展现状［J］．中国排水给水，2006

［12］ 小垣原尚生．排水管道及设施防水措施准则，日本下水道协会，1982.

［13］ 德国给水、污水、固体废弃物协会（DWA）．排水系统中的外来水，DWA，2012.

［14］ 英国水研究中心（WRC）．排水管道修复手册，WRC，1984.

［15］ 日本下水道协会．下水道设施维护管理计算要领，日本下水道协会，1993.

［16］ 戴维·塞德拉克．水 4.0［M］．上海：上海科学技术出版社，2015.

［17］ Robert Pitt，Melinda Lalor 著，雨水系统混接调查技术指南，尹海龙译．同济大学，2010.

［18］ 匡翠萍等．上海市杨浦区大武川分流制排水系统雨污混接重点调查与评估报告［D］．上海：同济
　　 大学，2016.

［19］ 宋小伟，夏文．上海市长宁区分流制排水系统雨污混接调查与评估报告，上海誉帆环境科技有限
　　 公司，2017.

［20］ 邬星伊．城镇排水检查井评估方法的研究［D］．广州：广东工业大学，2013.

［21］ 陈建斌等．国内外检查井病害调查及其初步防治对策研究［J］．城市道桥与防洪，2015.